DK 519.2:658.562:621.944

FORSCHUNGSBERICHTE
DES WIRTSCHAFTS- UND VERKEHRSMINISTERIUMS
NORDRHEIN-WESTFALEN

Herausgegeben von Staatssekretär Prof. Dr. h. c. Dr. E. h. Leo Brandt

Nr. 480

Dr. phil. Kurt Brücker-Steinkuhl

Anwendung mathematisch-statistischer Verfahren bei der Fabrikationsüberwachung

Als Manuskript gedruckt

Springer Fachmedien Wiesbaden GmbH

1958

ISBN 978-3-663-06174-8   ISBN 978-3-663-07087-0 (eBook)
DOI 10.1007/978-3-663-07087-0

Forschungsberichte des Wirtschafts- und Verkehrsministeriums Nordrhein-Westfalen

Gliederung

Vorwort . . . . S. 5

I. Statistische Behandlung von Kaltwalzprozessen . . . . S. 7

    A. Unterschiede der Banddicke in Längsrichtung des Bandes . . . . S. 7

        1. Untersuchungen von Walzverfahren bei automatischer Dickenmessung . . . . S. 7

        2. Bestimmung der Längsstreuung . . . . S. 13

    B. Unterschiede der Banddicke in Querrichtung des Bandes . . S. 15

        1. Bestimmung des Bandprofils und der Querstreuung . . S. 15

        2. Versuche über Balligkeit von Walzen . . . . S. 19

    C. Unterschiede der Banddicke in Längs- und Querrichtung des Bandes und Toleranzbereich . . . . S. 25

        1. Kontroll- und Toleranzgrenzen . . . . S. 26

        2. Walzplan und Toleranzschema, Behandlung von Projekten . . . . S. 26

    D. Praktische Anweisungen und Beispiele . . . . S. 31

        1. Anweisung für den Entwurf eines Walzplans und Toleranzschemas . . . . S. 31

        2. Bestimmung des Bandprofils und der Querstreuung von Spezialband und von breitem Band . . . . S. 33

        3. Walzplan und Toleranzschema für dünnes Band . . . . S. 33

    E. Zusammenfassung . . . . S. 37

       Anhang: Mathematische Erläuterungen . . . . S. 39

II. Kontrolle von Fabrikationsprozessen bei gleichzeitiger Mittelwerts- und Streuungsänderung . . . . S. 46

       1. Iterations- und Extremwertkarte . . . . S. 46

       2. Vergleich von Streuungsgrößen . . . . S. 50

       3. Prüfschärfe bei gleichzeitiger Mittelwerts- und Streuungsänderung . . . . S. 52

       4. Stichprobenkarte zur Mittelwerts- und Streuungsanalyse bei gleichzeitiger Mittelwerts- und Streuungsänderung . . . . S. 63

5. Praktische Bedeutung . . . . S. 65

III. Güte von Kontroll- und Stichprobenkarten mit technischen
Toleranzen . . . . S. 66

    1. Modifizierte Kontrollgrenzen . . . . S. 66

    2. Beziehungen zwischen Iterations- und Extrem-
       wertkarte . . . . S. 69

    3. Gütebeurteilung von Kontroll- und Stichproben-
       karten . . . . S. 77

    4. Zusammenfassung . . . . S. 88

IV. Formelzeichen und Abkürzungen . . . . S. 89

V. Literaturverzeichnis . . . . S. 93

Forschungsberichte des Wirtschafts- und Verkehrsministeriums Nordrhein-Westfalen

Vorwort

Die in dem vorliegenden Forschungsbericht zusammengestellten Beiträge behandeln Kontroll- und Toleranzprobleme bei der Fabrikationsüberwachung nach mathematisch-statistischen Methoden.

Die experimentellen Untersuchungen, die den Ausführungen von Teil I zugrundeliegen, wurden in einem Kaltwalzwerk durchgeführt. Teil I ist mit Rücksicht auf den praktischen Gebrauch von mathematischen Ausführungen freigehalten; die mathematischen Erläuterungen zu Teil I sind in einen besonderen Anhang verwiesen.

In einem früheren Forschungsbericht[1] waren bereits zwei Beiträge enthalten, die sich mit Kaltwalzproblemen befassen (Statistische Untersuchungen von kalt gewalztem Bandstahl und von Kaltwalzverfahren). Teil I des vorliegenden Berichts führt zu einem gewissen Abschluß dieser Arbeiten; in ihm sind die früheren und weitere neue Erfahrungen zusammengefaßt und zur Ausarbeitung einer allgemein gültigen Methodik benutzt. Die Methodik ist so allgemein gehalten, daß jeder beliebige Kaltbandfall durch sie erfaßt werden kann. Die Arbeit stellt die wissenschaftliche Lösung des Toleranzenproblems für die Kaltwalztechnik dar. Viele praktische Anwendungen der neuen Methoden sind möglich.

Teil II und III befassen sich mit Problemen bei der Anwendung von Kontroll- und Stichprobenkarten. Die vergleichende Betrachtung erstreckt sich ebenso auf die weitbekannten, bereits als klassisch bezeichneten Kontrollkarten wie auf die neuerdings auf Iterationsbasis entwickelten Iterations- und Extremwertkarten. Die Entwicklung dieser neuen Karten legt es nahe, die Kontrolle von Fabrikationsprozessen mit gleichzeitiger Mittelwerts- und Streuungsänderung zu untersuchen (Teil II) sowie die Güte von Karten mit technischen Toleranzen unter Berücksichtigung des Fehlers erster und zweiter Art zu bestimmen (Teil III).

Nichts ist praktischer als eine zweckmäßige Theorie, die man auch als Erfahrung in Kurzschrift bezeichnet hat. Die Kurzschrift der mathematischen Statistik ermöglicht die zum Teil überraschende Übertragbarkeit und den

---

1. K. BRÜCKER-STEINKUHL, Anwendung mathematisch-statistischer Verfahren in der Industrie, Forschungsberichte des Wirtschafts- und Verkehrsministeriums Nordrhein-Westfalen, Nr. 288, Westd. Verlag, Köln und Opladen 1956 - im folgenden abgekürzt als "FB 288"

wechselseitigen Austausch von Erfahrungen und Methoden aus den entlegensten Industriezweigen. Und es scheint hier nicht überflüssig zu bemerken, daß die mathematische Statistik in ihrer Anwendung auf industrielle Prozesse zur Aufgabe hat, all das, was diesen Prozessen nach wahrscheinlichkeitstheoretischen Grundsätzen gemeinsam ist, zu erfassen und einheitlich und vergleichend zu behandeln.

Es sei dem Wunsch Ausdruck gegeben, daß die vorliegenden Arbeiten zu einer Vertiefung sowohl als auch zu einer breiteren praktischen Anwendung der neuen Methoden in der Industrie beitragen möchten.

Forschungsberichte des Wirtschafts- und Verkehrsministeriums Nordrhein-Westfalen

I. Statistische Behandlung von Kaltwalzprozessen[2]

In einer früheren Arbeit[3] wurde über statistische Untersuchungen von kalt gewalztem Bandstahl und von Kaltwalzverfahren berichtet. Dabei kam es vor allem auf die Sicherung der mathematisch-statistischen Grundlagen an; anschließend wurde ein statistisches Prüf- und Annahmeverfahren sowie ein statistisches Walzverfahren für Bandstahl angegeben.

In der vorliegenden Arbeit wird, mit Berücksichtigung der früheren Untersuchungen, eine allgemeine Methodik zur statistischen Behandlung von Kaltwalzprozessen entwickelt. Dabei werden zunächst die Unterschiede der Banddicke in Längs- und Querrichtung gesondert betrachtet und die Methoden zu ihrer Bestimmung dargestellt (A.2 und B.1). Die Erfahrungen und Methoden für Unterschiede in Längs- und Querrichtung werden sodann zusammengefaßt und zur Aufstellung von Walzplänen und Toleranzschemata sowie zur exakten Behandlung von Projekten benutzt (C.2). Sie geben die Möglichkeit, exakt zu bestimmen, welche Anforderungen sich durch Walzprozesse überhaupt erfüllen lassen (C.2 und D), und die Walzung für bestimmte Toleranzen zweckmäßig und optimal einzurichten (C.2 und D).

An das früher angegebene statistische Walzverfahren schließt das statistische Walzverfahren mit automatischer Dickenmessung an (A.1). Der Einfluß der Balligkeit von Walzen auf die Profilbildung wird untersucht (B.2).

Die optimale Ausnützung des Toleranzbereichs mittels der neuen Methoden hat erheblichen wirtschaftlichen Wert; sie kann z.B. dazu dienen, den Materialausschuß beim Kantenschnitt möglichst klein zu halten. Viele andere praktische Anwendungen sind möglich.

A. Unterschiede der Banddicke in Längsrichtung des Bandes

1. Untersuchungen von Walzverfahren bei automatischer Dickenmessung

Für die automatische Messung der Banddicke bei Walzprozessen wurden elektromagnetische Geräte benutzt, die in einem Kaltwalzwerk an verschiedenen Maschinen eingebaut waren. Das zu messende Band wird über den Magneten des

---

2. Die in Teil I verwendeten Ausdrücke "Statistische Behandlung", "Statistische Untersuchungen", "Statistisches Verfahren" sind gleichbedeutend mit "Behandlung, Untersuchungen, Verfahren nach den Grundsätzen und Methoden der mathematischen Statistik".

3. FB 288

Meßgeräts mit konstantem Abstand (Luftspalt) hinweggeführt, und zwar so, daß sich der magnetische Meßkopf unter der Mitte des Bandes befindet. Als Ergebnis früherer Untersuchungen war festgestellt worden, daß für optimale Walzung sowohl die signifikanten Profilunterschiede als auch die Streuung in Längsrichtung des Bandes berücksichtigt werden müssen. Die signifikanten Profilunterschiede verlangen, daß der unkontrollierbare Wechsel zwischen den verschiedenen Kollektiven der Banddicke vermieden wird oder daß die Messungen in gleichem Abstand von der Kante erfolgen. Diese Bedingung wird durch das automatische Meßgerät nach Konstruktion erfüllt. Die Streuung in Längsrichtung des Bandes verlangt, daß nur bei Überschreitung gewisser natürlicher Streugrenzen, der Kontrollgrenzen des Prozesses, die Walzenstellung geregelt und die Banddicke beeinflußt wird. Die natürlichen Streugrenzen sind für jedes Material und für jeden Druck verschieden und müssen vor der Walzung durch besondere Messungen an einem oder an mehreren Ringen der Lieferung festgestellt werden. Der Streubereich wird symmetrisch um den Sollwert - Nullstellung des Anzeigeinstruments - festgelegt; und die praktische Anweisung für den Walzer lautet, daß sich der Zeiger des Anzeigeinstruments bis zu einem vorgegebenen Abstand nach rechts oder links frei bewegen kann. Erst wenn der Zeiger diesen Abstand überschreitet, soll dies als ein Signal zur Walzenregelung betrachtet werden. Das zur Untersuchung benutzte Meßgerät war mit einstellbaren Hilfszeigern zur Kennzeichnung der Kontrollgrenzen ausgerüstet[4].

Das statistische Walzverfahren hat nach früheren Untersuchungen bereits erhebliche Vorteile, wenn es nur im letzten Druck angewandt wird; es ist auch sonst meist üblich, automatische Dickenmeßgeräte nur in Walzgerüsten für den letzten Druck einzubauen. Die folgenden Abbildungen 1 - 3 betreffen demgemäß Bandstahllieferungen, die in den Vordrucken wie üblich, und nur im letzten Druck mit automatischem Dickenmeßgerät behandelt wurden.

Bei der Auswertung der Messungen entsprechend den Abbildungen 1 - 3 wurden nach einem besonderen Stichprobenplan[5] 10 Meßwerte je Bandstahlring in der Mitte des Bandes (Mittelkollektiv) über die Länge des Bandes verteilt. In den Abbildungen 1 - 3 sind für 25 bzw. 15 Ringe einer Lieferung in dem oberen Teil der Abbildungen ($\bar{x}$ - Karte) die Mittelwerte der 10 Mittenwerte und in dem unteren Teil der Abbildungen (R - Karte) die Spann-

---
4. FB 288, S. 40
5. FB 288, I.2c)

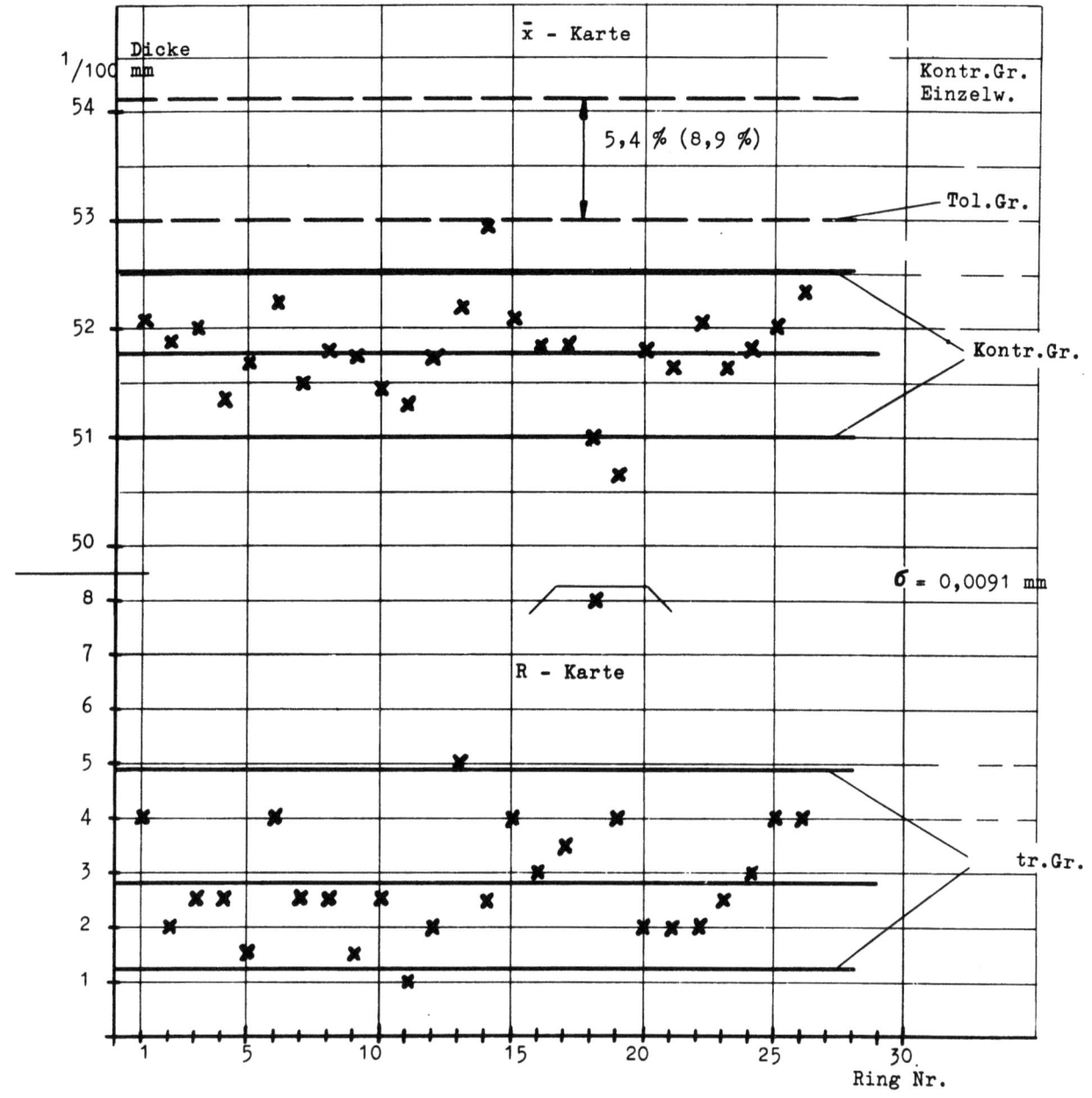

Abbildung 1
Walzverfahren mit automatischem Dickenmeßgerät
Kabelband 63 x 0,50 mm ± 0,03 mm Toleranz, 43 kg/mm² Fest.

weiten als Differenz zwischen größtem und kleinstem Wert der 10 Mittenwerte eingetragen. Aus den 25 bzw. 15 einzelnen Spannweiten erhält man den Mittelwert der Spannweiten, mit dessen Hilfe die Kontrollgrenzen der $\bar{x}$ - und R - Karte errechnet werden.[6]

---
6. FB 288, S. 26

Forschungsberichte des Wirtschafts- und Verkehrsministeriums Nordrhein-Westfalen

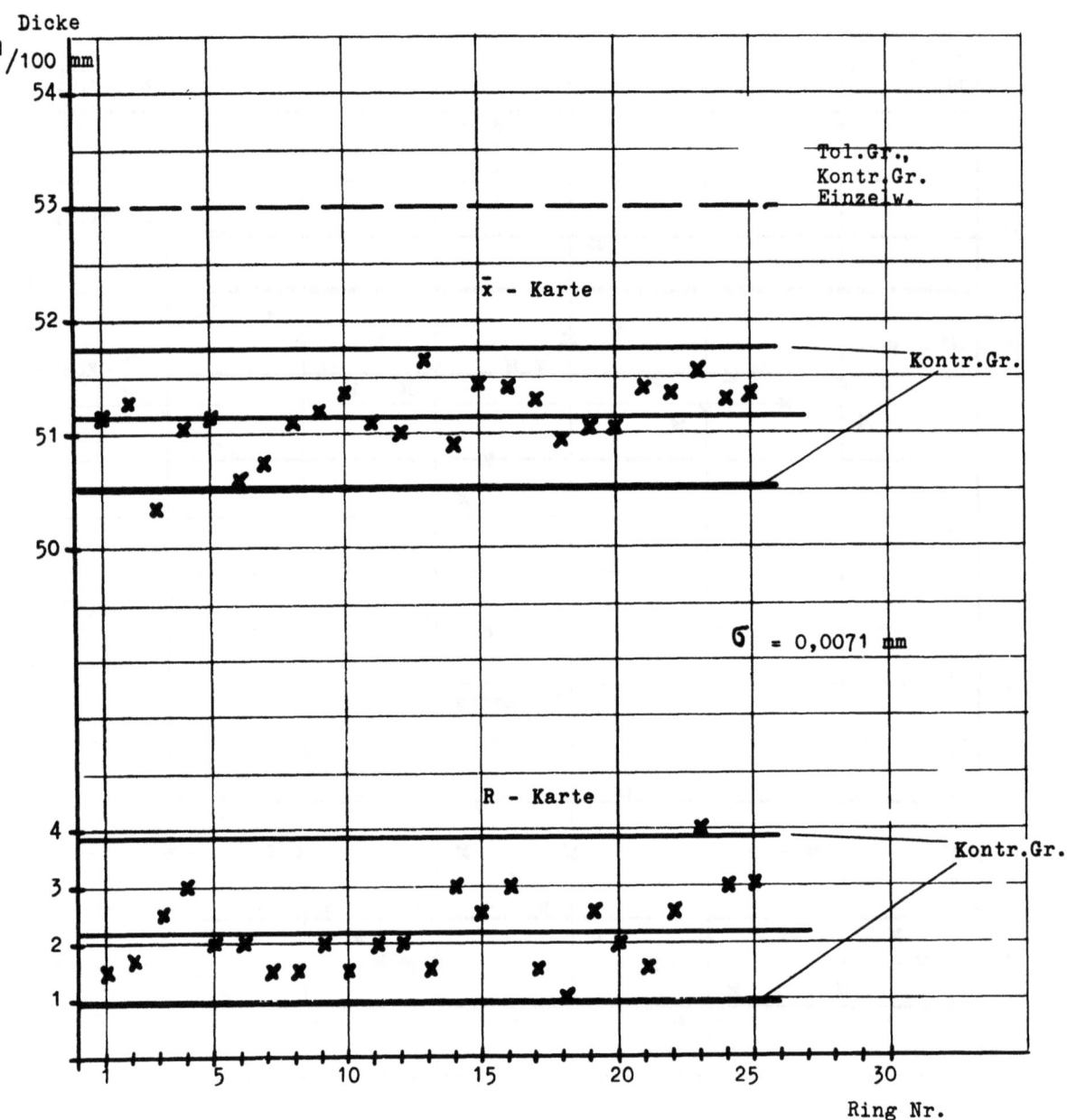

A b b i l d u n g 2

Statistisches Walzverfahren mit automatischem Dickenmeßgerät

(Regelung nach Kontrollgrenzen Einzelwert)

Kabelband 63 x 0,50 mm $\pm$ 0,03 mm Toleranz, 43 kg/mm² Fest.

Regelbereich $\pm$ 0,014 mm (S = 95 %)

Die Abbildungen 1 - 3 lassen die Spannweite bis auf einen einzigen Wert von Abbildung 1 in Kontrolle erscheinen. Am Ende eines einzelnen Ringes von Abbildung 1 liegt nämlich eine starke Abweichung vor, die wahrscheinlich auf Unachtsamkeit des Walzers beruht und vermeidbar ist. Es ist in

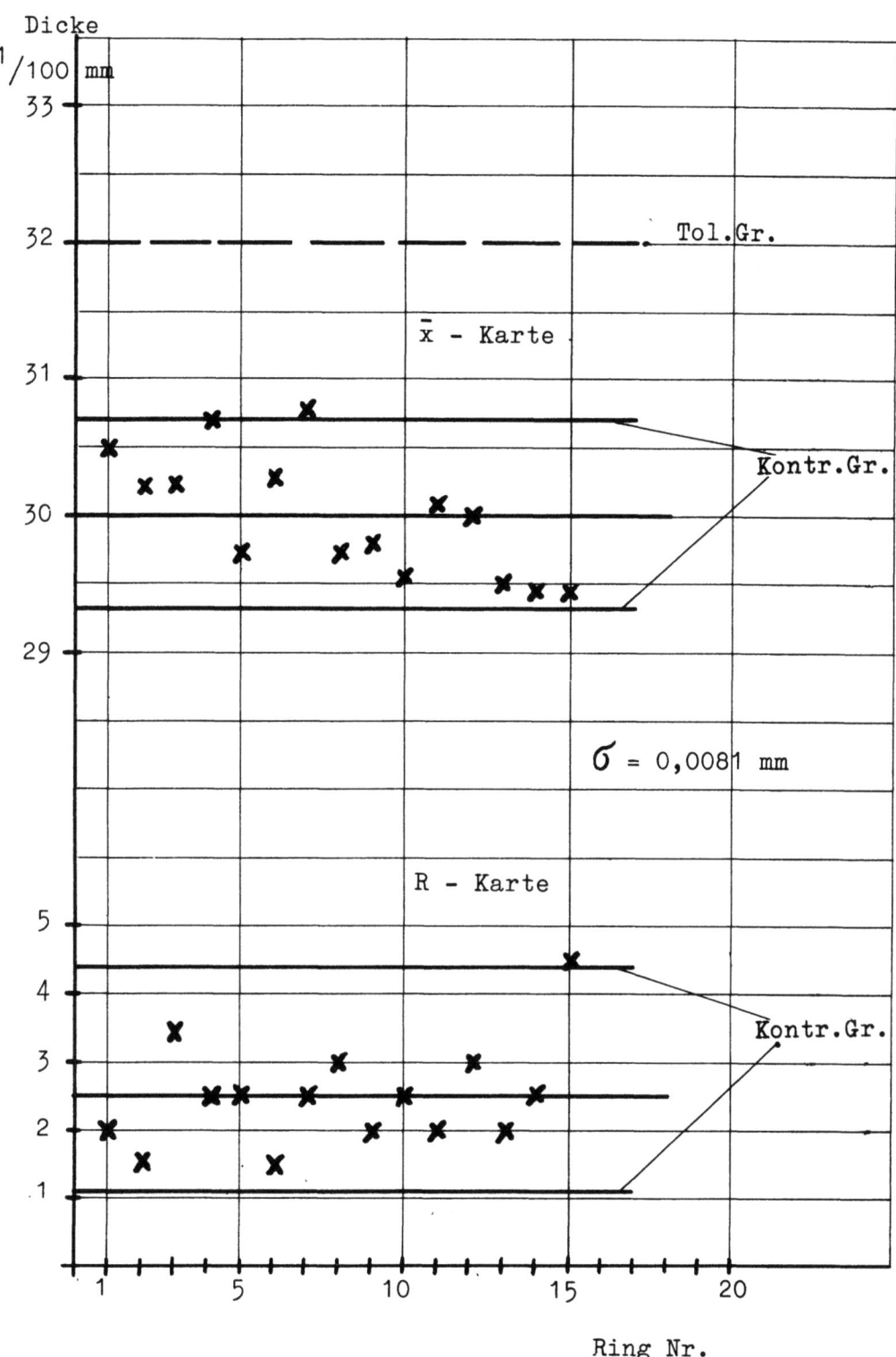

A b b i l d u n g 3

Statistisches Walzverfahren mit automatischem Dickenmeßgerät
(Regelung nach Kontrollgrenzen Einzelwert)
Kabelband 63 x 0,30 mm ± 0,02 mm Toleranz, 43 kg/mm² Fest.
Regelbereich ± 0,016 mm (S = 95 %)

solchen Fällen üblich, den betreffenden Spannweitenwert für die Berechnung der Kontrollgrenzen auszusondern, da sonst die Mittelwerte in der $\bar{x}$ - Karte zu günstig beurteilt würden. Abbildung 1 bezieht sich auf das übliche Walzverfahren ohne Regelung nach natürlichem Streubereich, Abbildungen 2 und 3 beziehen sich dagegen auf das statistische Walzverfahren mit Regelung nach natürlichem Streubereich, wobei die Regelgrenzen durch Zeiger auf dem Dickenmeßgerät markiert wurden. Die Kontrollgrenzen der Mittelwerte in den Abbildungen 1 - 3 sind berechnet für eine statistische Sicherheit von S = 99 %, während die Regelgrenzen (Kontrollgrenzen Einzelwert) zwecks Erhöhung der Prüfschärfe für eine statistische Sicherheit von S = 95 % angegeben wurden.

Wenn man Abbildung 1 mit den entsprechenden Abbildungen 17, 18, 19 der früheren Arbeit[7] vergleicht, so erkennt man den Vorteil, der durch die automatische Messung erzielt wird. Während dort 7 - 12 unter 23 - 25 Ringen, d.h. 30 - 48 %, außer Kontrolle lagen, werden hier nur noch 2 unter 25 Ringen, d.h. 8 %, außer Kontrolle festgestellt. Dieser Vorteil liegt in der exakten Festlegung des Meßpunktes durch das Meßgerät oder statistisch in der Beschränkung der Meßwerte auf ein bestimmtes Kollektiv und in der fortlaufenden Anzeige und Überwachung. Demgegenüber ist der weitere Unterschied zwischen üblichem und statistischem Walzverfahren bei automatischer Dickenmessung geringer.

Von den Einzelwerten zu den Abbildungen 1 bzw. 2 und 3 liegen 3,5 % bzw. aber 0,8 und 0,67 % außer Kontrolle, wobei 1 % theoretisch, nach Zufall zu erwarten sind. In Abbildung 1 liegt die Kontrollgrenze für Einzelwerte oberhalb der Toleranzgrenze, so daß im Raum oberhalb der Toleranzgrenze nach Messung 5,4 %, nach Rechnung 8,9 % der Einzelwerte liegen. In Abbildung 2 ist dagegen der Sollwert - nahe übereinstimmend mit dem Gesamt-Mittelwert - so festgelegt, daß die Kontrollgrenze für Einzelwerte bei einer statistischen Sicherheit von S = 99 % mit der Toleranzgrenze zusammenfällt (s. C.2). Abbildung 1 und 2, die sich auf die gleiche Produktion beziehen, unterscheiden sich auch durch die verschiedene Größe der Streu-

---

7. FB 288, S. 41 - 43

bereiche sowohl für die Spannweite als auch für den Mittelwert, d.h. die Mittelwerte in Abbildung 2 sind auf einen um 22 % kleineren Streubereich zusammengedrängt als in Abbildung 1.

Für die Festlegung der natürlichen Regelgrenzen (Kontrollgrenzen Einzelwert) bei automatischer Dickenmessung sind folgende Gründe maßgebend:

a) Hinsichtlich Homogenität und Güte des Materials ergibt sich ein merkbarer Vorteil.

b) Die Vorgabe von Kontrollgrenzen erleichtert dem Walzer die Entscheidung, wann bei dem unruhigen Spiel des Zeigers ein Eingriff erfolgen soll, und damit die praktische Walzarbeit.

c) Die Feststellung des natürlichen Streubereichs ist auch mit Rücksicht auf die allgemeine Planung und Ausnützung des Toleranzbereichs geboten, bedeutet daher keine Mehrarbeit, die nur mit Rücksicht auf die Regelung zu leisten wäre. Nach Sammlung von Erfahrungsunterlagen wird eine Messung der Streuung in jedem einzelnen Fall nicht notwendig sein (s. A.2).

d) Die Vorgabe von Kontrollgrenzen und Regelung nach diesen Grenzen hält den Walzprozeß in Kontrolle. Unter dieser Voraussetzung und unter der Gewähr, daß der Walzer die Grenzen bei der Überwachung zuverlässig beachtet, kann man gegebenenfalls auf weitere Prüfungen beim Erzeuger verzichten. Diese letzte Methode, nach der in einem Stahlwerk bereits verfahren wird, ist für den Erzeuger wirtschaftlich vorteilhaft, schließt aber die Weitergabe von Kontrollkarten zwecks Ersparnis von Prüfungen beim Abnehmer aus[8]

2. Bestimmung der Längsstreuung

Die Bestimmung der Längsstreuung, die für die Vorgabe der Kontrollgrenzen und die Planung des Toleranzschemas notwendig ist, stellt die im Walzwerk zu leistende Mehrarbeit dar. Da es von dieser Arbeit abhängt, ob die statistische Regelung in der Walztechnik Eingang findet, seien hier verschiedene Methoden zur Berechnung der Streuung zusammengestellt. In der angegebenen Reihenfolge nimmt der Arbeitsaufwand, gleichzeitig aber auch die Genauigkeit erheblich ab.

a) Berechnung der Standardabweichung mit vorläufigem Mittelwert. Diese Methode findet sich in jedem statistischen Lehrbuch dargestellt[9]. Jeder

---

8. FB 288, S. 95
9. z.B. bei U. GRAF und H.-J. HENNING, Statistische Methoden bei textilen Untersuchungen, Berlin-Göttingen-Heidelberg 1952, S. 10

Meßwert geht in die Bestimmung ein; die Rechnung ist daher für gegebenen Stichprobenumfang denkbar genau.

b) Bei größerem Stichprobenumfang kann die Standardabweichung nach Häufigkeitsaufzeichnungen auf Wahrscheinlichkeitspapier graphisch erhalten werden. Auch diese Methode findet sich in vielen Büchern dargestellt[10].

c) Wenn eine Lieferung von wenigstens 25 Ringen vorliegt, so bestimmt man in der bekannten Weise den Spannweiten-Mittelwert als Mittel der Spannweiten aller 25 Ringe[11]. Diese Methode ist bei Endkontrolle und zur Sammlung von Erfahrungswerten anwendbar; sie ist aber nicht möglich, wenn vor Walzung eines unbekannten Materials Kontrollgrenzen festgelegt werden sollen.

d) An einem Ring, möglichst aber an mehreren, z.B. 3 Ringen, werden vor Walzung der Lieferung Vormessungen durchgeführt, selbstverständlich nach Walzung der 3 Ringe. Man läßt zu diesem Zweck die 3 Ringe ohne Regelung durch die Walzmaschine laufen; für diese 3 Ringe wird daher auf optimale Walzung verzichtet, was aber keineswegs völligen Ausschuß von 3 Ringen bedeutet. Je 30 Meßwerte werden vorzugsweise aus dem Mittelkollektiv im mittleren Teil der Ringe über die Bandlänge verteilt entnommen, d.h. je ein Viertel der Bandlänge an beiden Bandenden wird nicht benutzt. Die Reihe zu 30 Meßwerten wird in 3 Reihen zu je 10 Meßwerten unterteilt und in jeder Einzelreihe die Spannweite bestimmt; an der Reihe zu 30 Meßwerten wird ferner die 1. Quasi-Spannweite bestimmt. Die Aufteilung der 30 Meßwerte in 3 Reihen erfolgt im besten Falle so, daß aus dem 1., 4., 7., --- bzw. 2., 5., 8., --- bzw. 3., 6., 9., ---Meßwert je eine Reihe gebildet wird. Die erhaltenen Spannweiten werden gemittelt.

e) Die einfachste, aber auch ungenaueste Methode ist die Bestimmung nur eines Spannweitenwerts an nur einem Ring[12]. Die Anwendung dieser Methode ist auf alle Fälle besser als die Vorgabe überhaupt keiner Kontrollgrenze; genauere Methoden sind vorzuziehen.

---

10. z.B. bei GRAF - HENNING, a.a.O., S. 55
11. FB 288, S. 18
12. FB 288, S. 38

Forschungsberichte des Wirtschafts- und Verkehrsministeriums Nordrhein-Westfalen

Für Standardabweichung σ und Spannweiten-Mittelwert $\bar{R}$ gilt die einfache Beziehung

$$\sigma = \frac{\bar{R}}{d_2}$$

wobei $d_2 = f(R)$ ein tabellierter Faktor ist ($d_2 = 3,078$ für $n = 10$). Für Standardabweichung σ und Mittelwert der 1. Quasi-Spannweiten $\bar{R}_1$ gilt

$$\sigma = \frac{\bar{R}_1}{f(R_1)}$$

Werte von $f(R_1)$ sind in FB 288, S. 48 angegeben ($f(R_1) = 3,231$ für $n = 30$). Man erhält den Abstand der Regelgrenze (Kontrollgrenze Einzelwert) vom Sollwert durch Multiplikation von σ mit dem Faktor 1,96 (Statistische Sicherheit S = 95 %).

Wie bereits erwähnt, werden nach Sammlung von Erfahrungswerten Streuungsmessungen in jedem einzelnen Falle nicht mehr nötig sein. Für eine Tabelle von Erfahrungswerten werden zu unterscheiden sein: im Bereich 0,1 - 1 mm, 1 - 2 mm, 2 - 3 mm etwa je 10 Banddicken, ferner 3 Materialsorten und gegebenenfalls mehrere (c) Endwalzgerüste. Damit ergeben sich 3. 10. 3. c = 90. c Fälle. Unter diesen Fällen werden viele Fälle gleiche Kontrollgrenzen besitzen, vor allem, wenn die Kontrollgrenz-Zahlenwerte der Tabelle zweckmäßig abgerundet werden.

Außer den zufallsbedingten Unterschieden der Banddicke in Längsrichtung des Bandes (Längsstreuung) treten an den Enden des Bandes gegebenenfalls auch wesentliche Unterschiede auf. Meist sind diese Unterschiede auf kurze Bandstücke beschränkt und bedingt durch Einrichtungsfehler beim Einstecken der Bandenden in die Walzgerüste. Diese Unterschiede lassen sich durch die Varianzanalyse in zweifacher Gruppierung erfassen und sichern[13].

B. U n t e r s c h i e d e d e r B a n d d i c k e i n
   Q u e r r i c h t u n g d e s B a n d e s

1. Bestimmung des Bandprofils und der Querstreuung

Zur Bestimmung des Bandprofils bei kalt und warm gewalztem Bandstahl legt man häufig nur eine einzige Meßreihe quer zum Band über das Band und ordnet in dieser Meßreihe sehr viele Meßpunkte, evtl. im Abstand von wenigen

---
13. FB 288, S. 22

mm, an. Dieses Verfahren ist jedoch wegen der Streuung der Meßwerte nicht zweckmäßig. Man bestimmt hierbei zwar mit großer Genauigkeit den Profilverlauf für ein kleines, beschränktes Stück des Bandes, erhält aber gar keinen Aufschluß darüber, wie sich das Band an anderen Stellen und im ganzen verhält. Es ist deshalb notwendig, Meßreihen an mehreren Stellen des Bandes, also Meßreihen mit Wiederholungen über das Band zu legen. Durch Mittelwertbildung der zum gleichen Kollektiv gehörenden oder in gleichen Abständen von der Kante gemessenen Werte erhält man einen Schätzwert des wirklichen Bandprofils, wenn als wirkliches Bandprofil die Folge der Gesamt-Mittelwerte aller möglichen Meßwerte bezeichnet wird. Die Mittelwertbildung allein genügt nun noch nicht. Denn wenn das wahre Bandprofil bekannt wäre, müßte man wissen, mit welchen Abweichungen an einzelnen Stellen des Bandes zu rechnen ist (direkter Schluß), und wenn andererseits ein Schätzwert des wahren Bandprofils aus wenigen Meßreihen gewonnen wird, muß man wissen, wieweit der wahre Wert vom Schätzwert abweichen kann (indirekter Schluß). Mit anderen Worten: Der Fehler, mit dem die Mittelwertbildung behaftet ist, muß festgestellt werden; insbesondere interessiert mit welchem Fehler die Differenz zweier Mittelwerte z.B. in der Mitte und an der Kante des Bandes behaftet ist. Diese Aufgabe - Bestimmung der Schwankung einer Profildifferenz - wird durch die Varianzanalyse gelöst (s. Anhang).

Es ist aus den angeführten Gründen bei gegebenem Meßaufwand viel zweckmäßiger, wenige Meßwerte in mehreren Reihen als viele Meßwerte in wenigen Reihen oder in nur einer Reihe anzuordnen. Die verringerte Genauigkeit im Verlauf der einzelnen Reihe - wobei sowieso interpoliert werden kann - wird mehr als aufgewogen durch die erhöhte Aussagesicherheit über das Verhalten des gesamten Bandes. Die Ermittlung des Versuchsfehlers, mit dem jeder einzelne Meßwert bzw. ein aus einzelnen Meßwerten gebildeter Mittelwert bzw. die aus zwei Mittelwerten gebildete Differenz behaftet ist, aus dem Schema der Varianzanalyse ermöglicht nun auch die Feststellung der jeweiligen Streubereiche.

In Abbildung 4 sind zwei verschiedene Profilkurven mit den zugehörigen Streubereichen dargestellt. Die Streubereiche beziehen sich auf der rechten Seite der Abbildung auf Mittelwerte von je 3 Meßreihen und auf der linken Seite auf Mittelwerte von je 10 Meßreihen. Natürlich sind die Mittelwerte zu 10 genauer als die zu 3, und die Streubereiche zu 10 kleiner

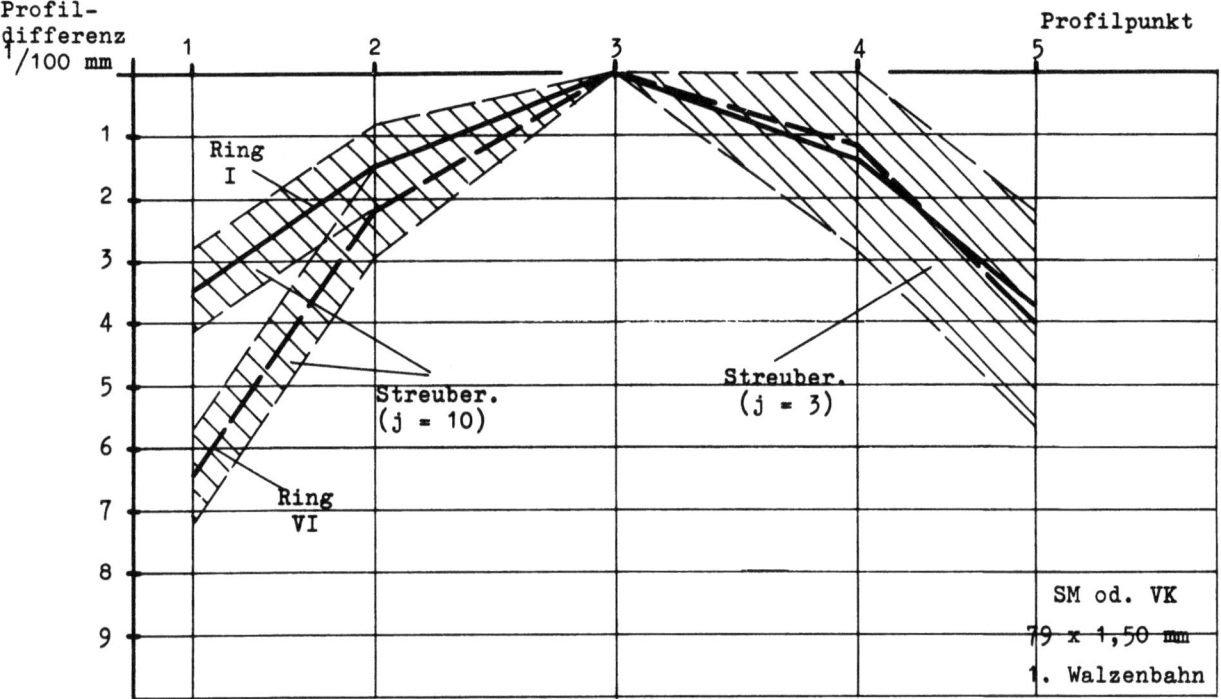

Abbildung 4
Profildifferenzen und Streubereiche
(Warm gewalztes Band aus verschiedenen Fabrikationsstadien)

als die zu 3 (s. Anhang). Die dargestellten Streubereiche sind etwa kennzeichnend für warm gewalztes Band, das Ausgangsmaterial der Kaltwalzung. Die Kurvenunterschiede der verschiedenen Bänder bei Profilpunkt 2 für j = 10 sind gerade noch statistisch gesichert. Weitere Beispiele für Streubereiche sind in Abbildung 7 gegeben.

Für die Praxis stehen im allgemeinen nur 3 Zahlen von Meßreihen zur Wahl: Die Zahl j = 3 stellt die statistisch niedrigste Zahl von Wiederholungen dar. Als obere Meßreihenzahl wird j = 10 gewählt, wegen des Zehnerfaktors auch aus rechnerischen Gründen. Eine weitere merkbare Verringerung des Streubereichs erforderte erheblichen Prüfaufwand; z.B. würden j = 40 statt j = 10 Meßreihen nötig sein, wenn der Streubereich für j = 10 auf die Hälfte reduziert werden sollte (Wurzelgesetz). Als Zwischenwert zwischen j = 3 und j = 10 wird, wieder aus rechnerischen Gründen, j = 5 gewählt. Es empfiehlt sich meist, j = 10, wenigstens aber j = 5 zu wählen. Die im Stichprobenplan (FB 288; I.2 c) vorgesehene Zahl j = 3 ist zulässig, da bei einheitlichen Lieferungen zu 25 Ringen 25 · 3 = 75 Einzelreihen zu einer

Gesamt-Mittelreihe zusammengeworfen werden. Alle aus j = 3 gebildeten Mittelwerte von Differenzen befinden sich dabei im berechneten Streubereich um den aus j = 75 gebildeten Gesamt-Mittelwert von Differenzen, wie bei den Lieferungen gemäß Abbildung 1 - 3 festgestellt wurde.

Es ist oft schwierig, die Meßreihen gleichmäßig über die Bandlänge zu verteilen; bei breiten Bändern ist dies sogar unmöglich, da der Bandring an 10 verschiedenen Stellen zerschnitten, also als Ausschuß ausgesondert werden müßte. Man muß sich in solchen Fällen mit der Messung längerer Bandstücke an den Enden begnügen.

Bei der Darstellung des Streubereichs in Abbildung 4 und 7 laufen die Streugrenzen beim Bezugspunkt in der Mitte des Bandes zusammen. Das bedeutet nicht, daß der Streubereich für Zwischenwerte zwischen Profilpunkt 2 und 3 oder 4 und 3 kleiner wäre. Der Streubereich ist für beliebige Differenzen gleich groß, nämlich gleich ($\pm$ t . s_d); da der Bezugspunkt aber natürlich keine Streuung aufweist, sind die Streugrenzen hier der Übersichtlichkeit halber auf Null zurückgeführt.

Nach den Methoden des Anhangs kann man für gegebene Anforderungen den Streubereich und die Stichprobenzahl berechnen, die im Einzelfalle wirklich benötigt werden.

Hinsichtlich Längsstreuung und Querstreuung kann zusammenfassend gesagt werden:

Bei der Untersuchung der Längsstreuung werden die zufälligen Streuungen der Einzelwerte und Mittelwerte von Stichproben betrachtet, die zu den verschiedenen, in bestimmten Abständen von der Kante entnommenen Kollektiven gehören.

Bei der Bestimmung der Profildifferenz und Querstreuung werden die wesentlichen Unterschiede der Mittelwerte verschiedener Kollektive betrachtet sowie diejenigen zufälligen Schwankungen, denen die Differenzen der Stichproben-Mittelwerte aus verschiedenen Kollektiven unterliegen, eben infolge der Längsstreuung der Stichproben-Mittelwerte in den zugehörigen Kollektiven.

Forschungsberichte des Wirtschafts- und Verkehrsministeriums Nordrhein-Westfalen

2. Versuche über Balligkeit von Walzen

Die Methoden von Abschnitt 1 ergeben u.a. die Möglichkeit, den Einfluß der Balligkeit von Walzen auf die Profilbildung zu untersuchen. Da das Studium der Balligkeit zu theoretisch und praktisch wichtigen Resultaten führt, die für die weitere Darstellung benötigt werden, sollen diese Untersuchungen hier angeschlossen werden.

Die Versuchsreihenzahl war in allen Fällen $j = 10$. Die Maße des benutzten Warmbandes waren 65 x 1,50 mm; in mehreren Kaltwalzdrucken wurde das Material von 1,50 mm auf 0,50 mm heruntergewalzt. Bei der Vorwalzung (Duowalzgerüst) wurde mit Walzen verschiedener Balligkeit gearbeitet, in der Endwalzung (Quartowalzgerüst) waren die Arbeitswalzen Zylinderwalzen. Die Walzenbreite betrug in allen Gerüsten 155 mm, so daß das Verhältnis Bandbreite zu Walzenbreite gleich 65 : 155 = 1 : 2,38 war. Zur Kühlung der Walzen wurde Wasser benutzt.

In einer ersten Versuchsserie wurden Walzen mit einer Balligkeit von 1,5; 3; 6; 12 $^1/100$ mm, also mit geometrischer Staffelung der Balligkeit, verwandt. Die Zahl der Drucke betrug bei dieser Versuchsserie 3 und bestand aus 2 Vorwalzdrucken und 1 Endwalzdruck. Die Sollwerte der Banddicke für die verschiedenen Drucke waren: Ausgangsmaterial 1,50 mm, 1. Vorwalzdruck 0,90 mm, 2. Vorwalzdruck 0,65 mm, Endwalzdruck 0,50 mm. Im 1. Druck wurden je 2 Ringe mit Walzen von 1,5; 3; 6; 12 $^1/100$ mm Balligkeit bearbeitet; im 2. Druck wurden in verschiedener Kombination der einzelnen Ringe Walzen bis 6 $^1/100$ mm Balligkeit eingesetzt. Die Ergebnisse der Serie sind in Abbildung 5 dargestellt.

Die ausgezogene Kurve stellt den Mittelwert der Profildifferenzen im Warmbandzustand und die gestrichelte Kurve nach dem 1. Druck dar. Die Profilpunkte 1 - 5 waren im Abstand 3,5; 15,5; 32,5; 49; 61 mm von der linken Kante bei einer Gesamtbreite von 65 mm angeordnet. Man sieht, daß sich eine bemerkenswerte Verringerung des Kantenabfalls der Dicke nur für eine Walzenballigkeit von 12 $^1/100$ mm und in geringerem Maße von 3 $^1/100$ mm im 1. Druck einstellt. Die verschiedenen Walzenkombinationen mit Walzen bis 6 $^1/100$ mm Balligkeit im 2. Druck zeigten weiter keine wesentlichen Unterschiede.

Bei einer zweiten Versuchsserie wurde vorzugsweise mit einer noch größeren Walzenballigkeit von 24 $^1/100$ mm im 1. Druck und von 12 bzw. 6 $^1/100$ mm

Forschungsberichte des Wirtschafts- und Verkehrsministeriums Nordrhein-Westfalen

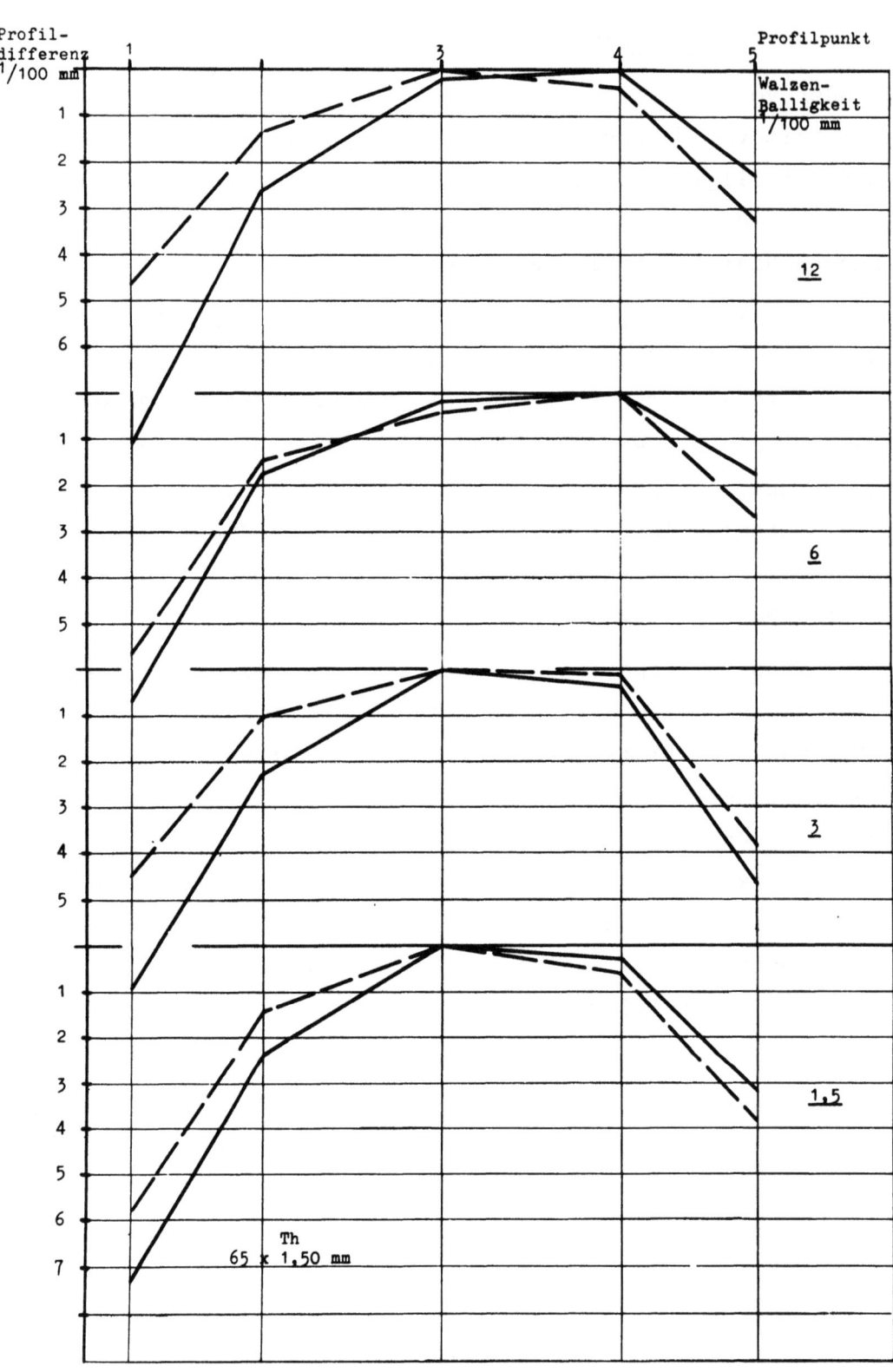

Abbildung 5
Unterschiede von Profilkurven für verschiedene Walzenballigkeiten
Warmband ——— 1. Druck -----

im 2. Druck gearbeitet. Mit Rücksicht auf die Verarbeitung und Brauchbarkeit des Bandes bedeutet die Balligkeit von 24 $^1/100$ mm hier das zulässige Maximum. Die Ergebnisse dieser Versuchsserie mit 24 $^1/100$ mm im 1. Druck und 12 $^1/100$ im 2. Druck sowie Ergebnisse der ersten Serie mit 12 $^1/100$ mm im 1. Druck und 6 $^1/100$ mm im 2. Druck sind in Abbildung 6 dargestellt.

Die Abbildungen lassen die Verringerung des Kantenabfalls der Dicke bei 12 und insbesondere 24 $^1/100$ mm Balligkeit erkennen. Zum Vergleich sind die Endresultate für den 3. Druck in der Darstellung c, Abbildung 6 eingetragen. Zusätzlich sind hier auch die mittleren Profildifferenzen eingetragen, wie sie im üblichen Walzverfahren erreicht werden; sie wurden erhalten für Lieferung 1 (s. Abb. 1) durch Mittelwertbildung von 3 · 25 = 75 Einzel-Profilreihen. Abbildung 6, c zeigt die für die Praxis erhebliche Verringerung des Kantenabfalls um 1,2 bzw. 2 $^1/100$ mm auf der linken bzw. rechten Seite des Bandes bei Verwendung von Walzen mit 24 $^1/100$ mm Balligkeit, verglichen mit Walzen üblicher Balligkeit - etwa 6 - 8 $^1/100$ mm.

In Abbildung 7 sind zwei Kurven von Abbildung 6, Darstellung b für das Ausgangsmaterial (Warmband) und für den Endzustand mit den Streubereichen für $j = 10$ und 3 wiedergegeben. (Die Versuchsfehler sind aus verschiedenen Versuchsschemata bestimmt; daher mit verschiedenem t Abweichung vom Wurzelgesetz!) Zur Sicherung der Ergebnisse von Abbildung 6 ist hiernach eine Profilreihenzahl von $j = 10$ unbedingt erforderlich. Zwischenergebnisse in Abbildung 6 sind untereinander größtenteils statistisch noch nicht gesichert.

Bei einer weiteren Versuchsserie wurde die Druckzahl variiert, wobei in den Vorwalzungen durchweg mit Walzen von 24 $^1/100$ mm gearbeitet wurde. Die Zahl der Drucke betrug insgesamt (einschl. Endwalzung) 2, 3, 4 und 5. Das Band war wegen zu hoher Balligkeit im 2. Vordruck und in den folgenden Vordrucken teilweise schlecht brauchbar. Hiervon abgesehen zeigte die Erhöhung der Druckzahl auf 4 und 5 keine Verbesserung, dagegen die Verringerung auf 2 eine erhebliche Verschlechterung des Profils; die übliche Druckzahl von 3 kann als optimal angesehen werden.

Man kann aus diesen Ergebnissen für die hier vorliegenden Verhältnisse schließen, daß die Anwendung einer möglichst großen Balligkeit im 1. Vordruck günstig ist. Die Balligkeit wird zweckmäßig so hoch gewählt, daß die Verarbeitung des Bandes noch möglich ist, also kein "knalliges" Band

Forschungsberichte des Wirtschafts- und Verkehrsministeriums Nordrhein-Westfalen

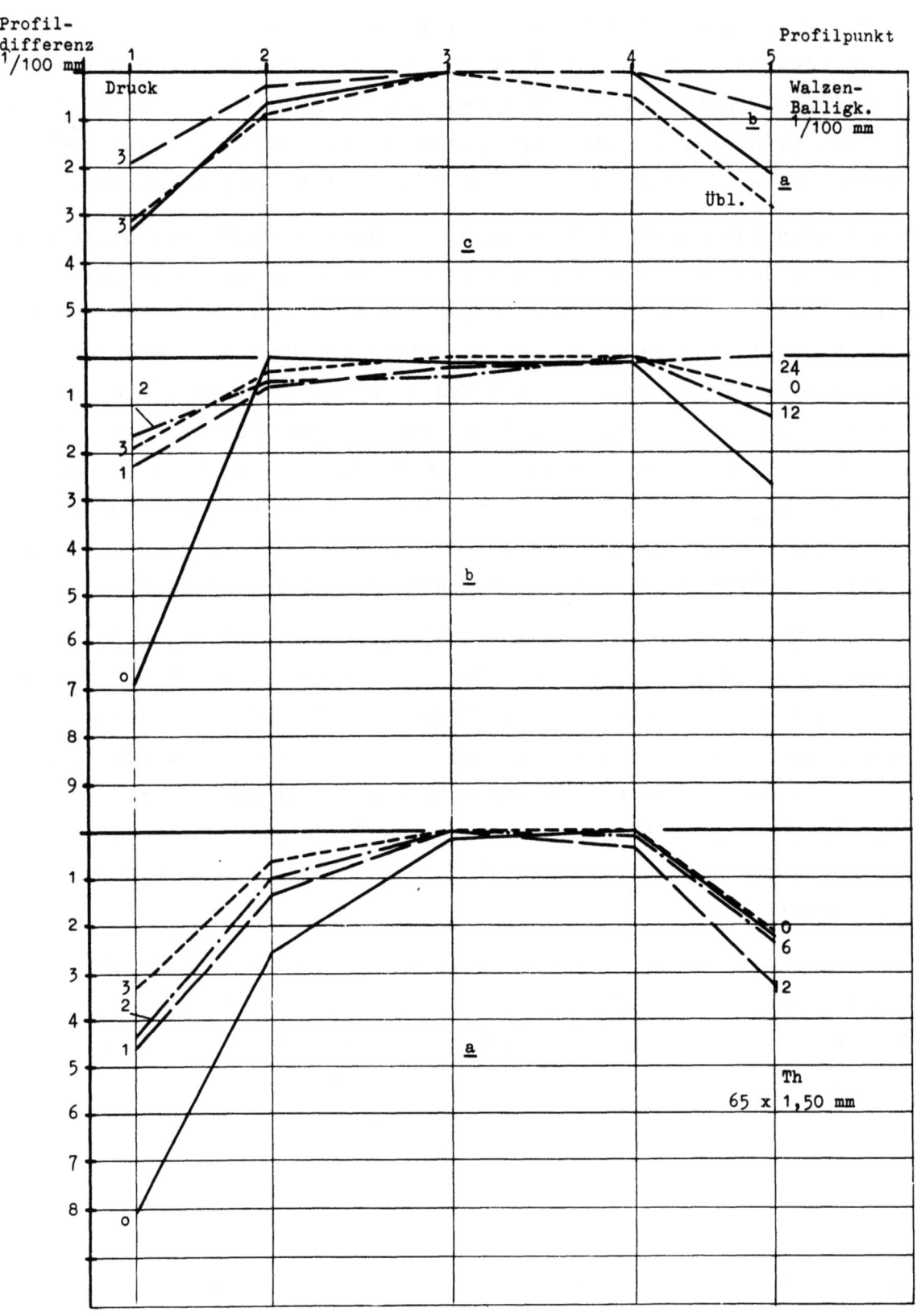

Abbildung 6

Unterschiede von Profilkurven für verschiedene Walzenballigkeiten

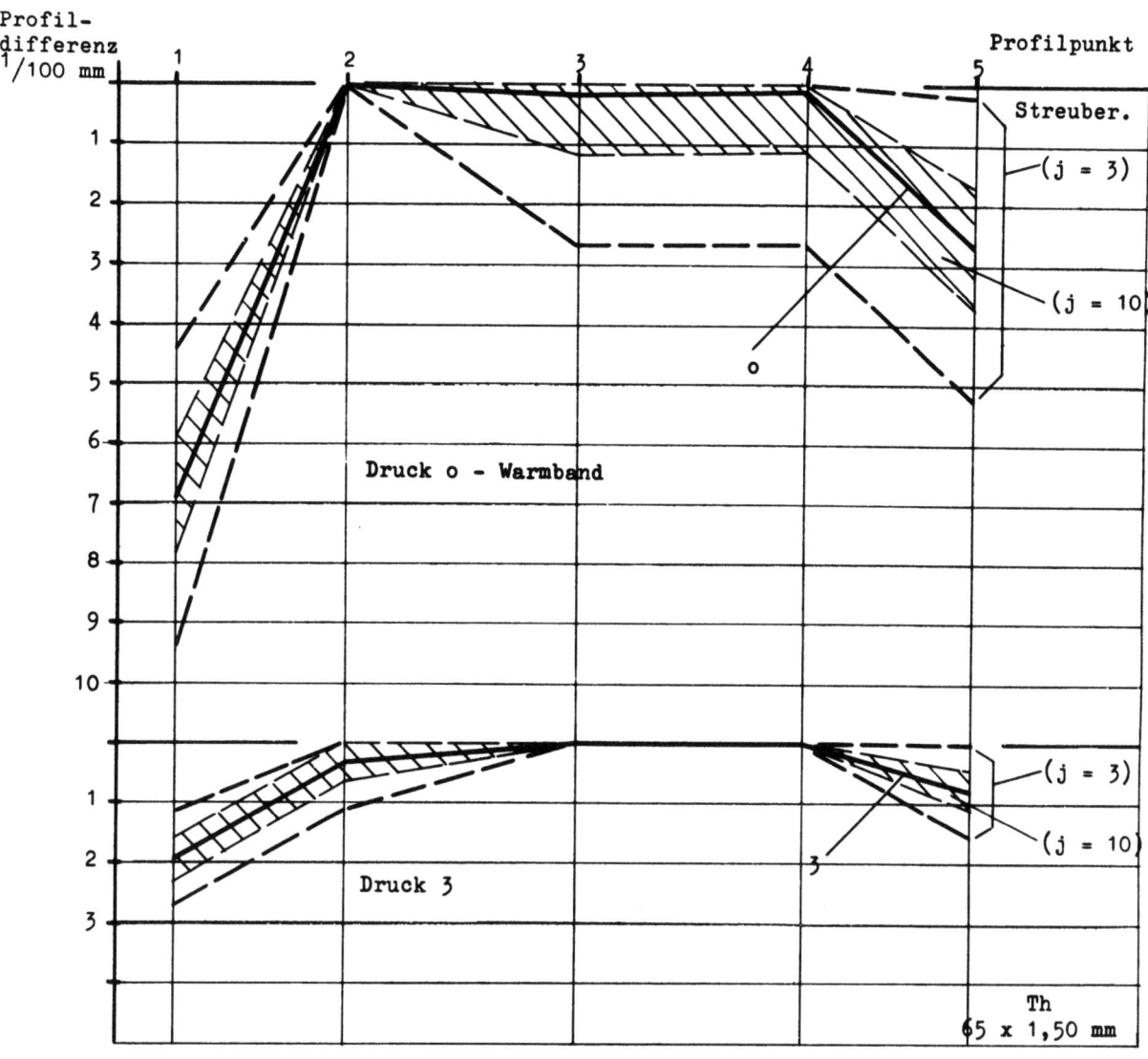

Abbildung 7
Profildifferenzen und Streubereiche (s. Abb. 6b)

produziert wird; knalliges Band ist ein Band, bei dem die Mitte mehr ausgewalzt, also in die Länge gezogen ist als die Kanten. Aus dem gleichen Grunde ist es zweckmäßig, im 2. Vordruck bzw. in weiteren Vordrucken mit der Balligkeit herunterzugehen. Dieses Ergebnis erscheint verständlich, da die Verformbarkeit des Materials im 1. Druck am größten ist. Über die Gültigkeit der Ergebnisse für andere Verhältnisse (unterschiedliches Material und Walzgerüst, unterschiedliche Kühlung usw.) sagt die statistische Methodik an sich nichts aus. Weitere Versuche müssen daher zeigen, wieweit eine Verallgemeinerung der im vorliegenden Fall statistisch gesicherten Erkenntnisse möglich ist.

Zum Verständnis der Ergebnisse sei hier der folgende, praktisch wichtige Satz angeführt, der im Anhang bewiesen ist:

> Die wirksamen Balligkeiten verhalten sich wie
> die Quadrate der Band- und Walzenbreiten.

Dieser Satz gilt im Bereich der Walztechnik, in dem sich die Balligkeit zur Walzenbreite etwa wie 1 : 1000, höchstens wie 2,5 : 1000 verhält, mit großer Genauigkeit; der entsprechende Fehler ist kleiner als $1 \cdot 10^{-4}$. Selbst für ein Verhältnis von 1 : 10 ist die Genauigkeit noch ausreichend, wie Abbildung 8b zeigt. Für Sehnen mit einer Halbbreite von 34 bzw. 48 mm betragen hier die zugehörigen Höhen (Balligkeiten) 5 bzw. 10 mm, so daß gilt

$$\frac{2 \cdot 5}{5} = 2 \approx \left(\frac{48}{34}\right)^2 = 1{,}993$$

Nach dem angeführten Satz lassen sich die wirksamen Balligkeiten von Walzen in Abhängigkeit von der Bandbreite bestimmen. Im vorliegenden Falle ist hiernach für eine Walzenbreite von 155 mm und eine Bandbreite von 65 mm die wirksame Balligkeit gleich der Walzenballigkeit, multipliziert mit $\left(\frac{65}{155}\right)^2 = 0{,}1759$ (s. Tab. 1).

Tabelle 1

Balligkeiten in $^1/100$ mm für $s_1 : s_2 = 2{,}38$

Walzenballigkeit	1,5	3	6	12	24
Wirksame Balligkeit	0,26	0,53	1,06	2,11	4,22

Nach Tabelle 1 ist für Walzenballigkeiten bis zu 6 $^1/100$ mm die wirksame Balligkeit kleiner/gleich 1 $^1/100$ mm und für die optimale Walzenballigkeit von 24 $^1/100$ mm gleich 4,2 $^1/100$ mm. Diese optimale wirksame Balligkeit von 4,2 $^1/100$ mm ist noch kleiner als die maximale Profildifferenz des Warmbandes im Ausgangszustand (6 - 7 $^1/100$ mm) und beträgt etwa zwei Drittel dieser Differenz - ein Ergebnis, das sehr plausibel erscheint.

Forschungsberichte des Wirtschafts- und Verkehrsministeriums Nordrhein-Westfalen

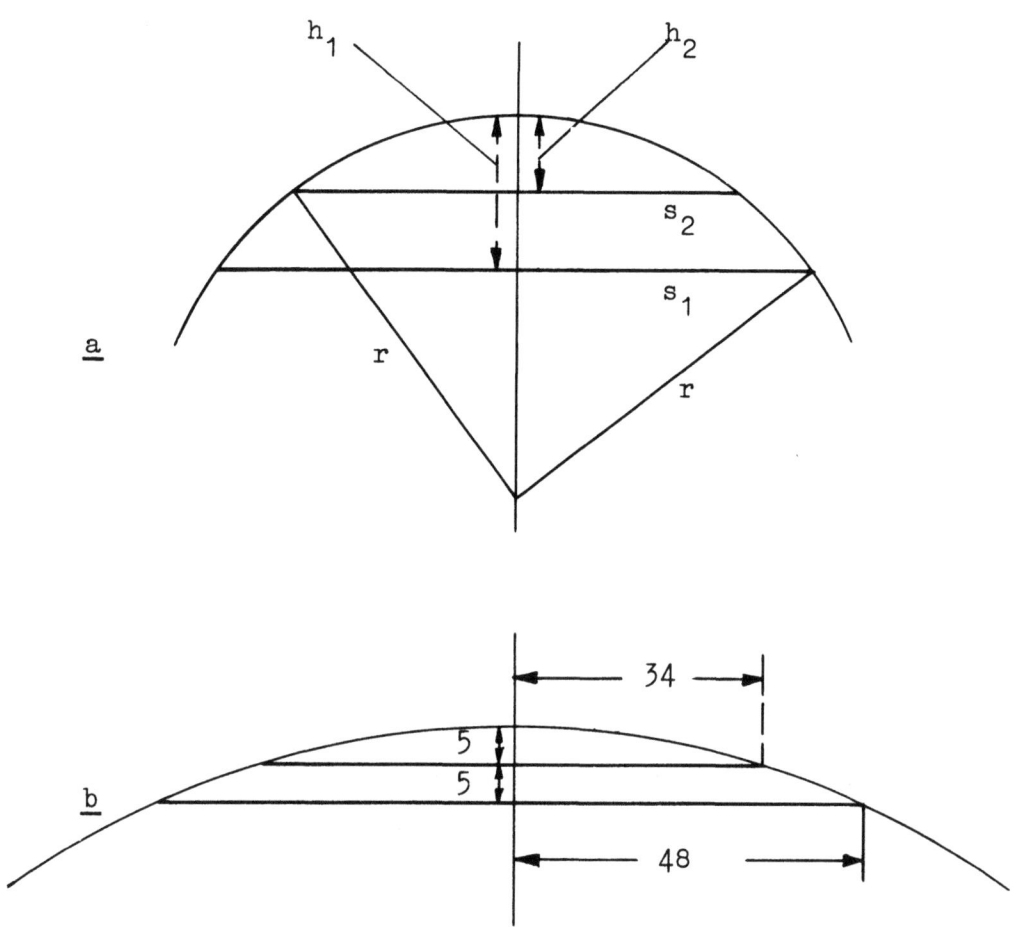

Abbildung 8
Wirksame Balligkeit von Walzen

r - Radius, s_1, s_2 - Sehnen, h_1, h_2 - Höhen über der Sehne

Nach den Formeln des Anhangs kann für gegebene Walzenballigkeit die wirksame Balligkeit und für gegebene Anforderungen und optimale wirksame Balligkeit die Walzenballigkeit berechnet werden.

C. Unterschiede der Banddicke in Längs- und Querrichtung des Bandes und Toleranzbereich

Die in den Abschnitten A und B dargestellten Erkenntnisse und Methoden sollen im folgenden zum Entwurf von Walzplänen und Toleranzschemata und zur Behandlung von Projekten nutzbar gemacht werden. Einige Bemerkungen über Kontroll- und Toleranzgrenzen seien vorausgeschickt.

Forschungsberichte des Wirtschafts- und Verkehrsministeriums Nordrhein-Westfalen

1. Kontroll- und Toleranzgrenzen

Technische Produkte, die aus nicht-kontrollierten Prozessen stammen, oder über deren Kontrolle während der Fabrikation nichts bekannt ist, müssen bei der Prüfung oder Abnahme vorsichtiger behandelt werden als Produkte, die während der Fabrikation in Kontrolle gehalten werden. Wenn der Fabrikationsprozeß in Kontrolle bleibt, wenn z.B. bei der Überwachung festgestellt wird, daß die Mittelwerte von Stichproben innerhalb der zugehörigen Kontrollgrenzen für Mittelwerte liegen, so kann angenommen werden, daß sich auch die Einzelwerte in den zugehörigen Kontrollgrenzen für Einzelwerte halten. Man kann in diesem Falle die Toleranzgrenzen mit den Kontrollgrenzen für Einzelwerte zusammenfallen lassen, wobei die statistische Sicherheit entsprechend hoch zu wählen ist. Üblich sind z.B. als Toleranzgrenzen 3σ - Grenzen entsprechend einer statistischen Sicherheit von 99,7 %. Wenn dagegen der Prozeß nicht in Kontrolle bleibt, so muß damit gerechnet werden, daß ganze Bandringe die zugelassenen Grenzen überschreiten. Um solche Fälle sicher zu erfassen und die entsprechenden Bandringe auszusondern, müssen die Prüfungen verschärft werden. Die Prüfung soll die Gewähr geben, daß auch bei Überschreitung der Prüfgrenzen durch Teile des Prüfkollektivs noch kein merkbarer Ausschuß entsteht[14]. Der Toleranzbereich muß in diesem Falle erweitert werden - z.B. werden die Toleranzgrenzen für einen Stichprobenumfang n = 5 auf $\pm 3,37\,\sigma$ statt auf $\pm 3\sigma$ festgelegt. Diese Tatsache unterstreicht die Notwendigkeit der Kontrolle und der Verwendung von Kontrollgrenzen während des Walzprozesses (s. A.1). Um die Anforderungen nicht zu übersteigern und unnötige Komplikationen zu vermeiden, soll weiter vorausgesetzt werden, daß eine solche Kontrolle des Walzprozesses erreicht ist.

2. Walzplan und Toleranzschema, Behandlung von Projekten

Zur Übersicht darüber, in welchem Bereich die Einzelwerte der Banddicke im gesamten Bande streuen und in welchem Verhältnis der Gesamt-Streubereich zum Toleranzbereich steht, sowie zur allgemeinen Planung ist die Kenntnis folgender Größen erforderlich:

a) Der einseitige Streubereich der Einzelwerte $A \cdot s$

Die Standardabweichung s entspricht der Längsstreuung, d.h. der Streuung

---

14. s. K. BRÜCKER-STEINKUHL, Prüfverfahren für Variable mit weitem und engem Toleranzbereich, Mitteilungsblatt für Math. Statistik, 8 (1956), S. 32, und FB 288, S. 25

Forschungsberichte des Wirtschafts- und Verkehrsministeriums Nordrhein-Westfalen

der Einzelwerte in den verschiedenen Kollektiven, die bestimmten Abständen von der Kante zugeordnet sind. Die Standardabweichung s wird nach den in Abschnitt A.2 angegebenen Verfahren bestimmt, vorzugsweise in der Mitte des Bandes. Nach früheren Untersuchungen kann von den Unterschieden der Standardabweichung in den verschiedenen Kollektiven zunächst abgesehen werden. Der Faktor A - Integralgrenze der Gaußschen Normalverteilung - ist gleich 1,64 bzw. 2,33 bzw. 2,58 für eine einseitige statistische Sicherheit $\bar{S}$ von 95 % bzw. 99 % bzw. 99,5 %. Welche statistische Sicherheit zu wählen ist, hängt von den Anforderungen ab (s. weiter unten).

b) Die maximale Profildifferenz d

Sie wird durch Mittelwertbildung mehrerer Profil-Meßreihen bestimmt; die Zahl der Profilreihen sollte möglichst 10 betragen (s. B.1). Was als maximale Profildifferenz zu gelten hat, hängt von den Anforderungen ab. In Abschnitt B.2 bezog sich die maximale Profildifferenz auf einen Kantenabstand von nur 3,5 mm entsprechend Profilpunkt 1 und 5. Nach den DIN-Normen ist ein Mindestabstand von 20 mm vorgeschrieben entsprechend etwa den Profilpunkten 2 und 4.

c) Der einseitige Streubereich der Profildifferenzen $t \cdot s_d$

Die Standardabweichung der Profildifferenzen s_d wird aus dem Profilreihenschema nach dem Verfahren der Varianzanalyse, zweckmäßig für zweifache Gruppierung, bestimmt (s. B.1 und Anhang). Der Faktor t - Integralgrenze der t-Verteilung - kann aus Tabellen entnommen werden (s. Tab. 5 im Anhang). Man wird sich hier für t meist mit einer einseitigen statistischen Sicherheit $\bar{S}$ von 95 % oder 97,5 % entsprechend einer zweiseitigen statistischen Sicherheit S von 90 % oder 95 % begnügen. (In Tab. 5 sind zweiseitige statistische Sicherheiten angegeben. - $\bar{S} = 50 + {}^1\!/2 \cdot S$)

Aus den drei unter a), b), c) aufgeführten Größen wird der Gesamt-Streubereich in folgender Weise zusammengesetzt (s. Abb. 9):

Der einseitige Streubereich ($A \cdot s$) ist gleich dem Abstand der oberen Kontrollgrenze für Einzelwerte und dem Mittelwert des Mittelkollektivs. Die obere Kontrollgrenze für Einzelwerte fällt gegebenenfalls mit der oberen Toleranzgrenze zusammen (s. Abb. 2), und der Mittelwert des Mittelkollektivs ist gleichbedeutend mit dem Sollwert, auf den der Walzprozeß eingestellt wird (Nullstellung des Zeigers im Anzeigeinstrument). An den Mittelwert des Mittelkollektivs schließt die maximale Profildifferenz d an, durch

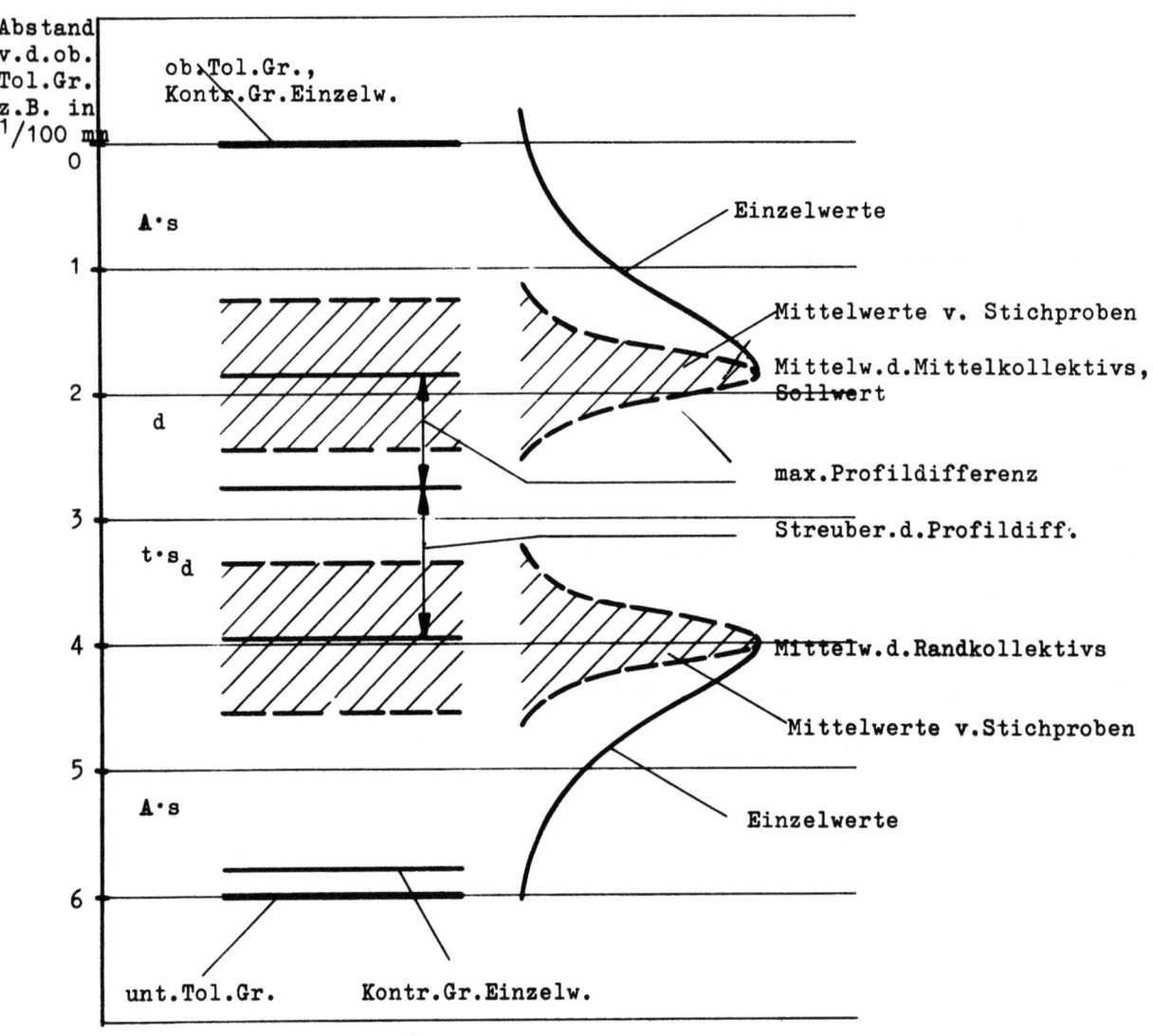

Abbildung 9
Walzplan und Toleranzschema

die der Mittelwert des Randkollektivs erreicht wird. Die Bestimmung der Profildifferenz ist mit einer gewissen Unsicherheit behaftet, die durch Ansatz des einseitigen Streubereichs der Profildifferenz ($t \cdot s_d$) berücksichtigt wird. An den Mittelwert des Randkollektivs wird endlich der einseitige Streubereich der Einzelwerte ($A \cdot s$) nach unten angeschlossen. In Abbildung 9 sind, bezogen auf das Mittel- und Randkollektiv, außer der Hälfte der Normalverteilungen für Einzelwerte auch die Normalverteilungen für Mittelwerte von Stichproben eingetragen (schraffierte Bereiche); der Stichprobenumfang ist hierbei zu n = 10 angenommen (vgl. Kontrollgrenzen für Mittelwerte in Abb. 2). Der Gesamtstreubereich B beträgt hiernach

$$(1) \qquad B = A \cdot s + d + t \cdot s_d + A \cdot s = 2 \cdot A \cdot s + d + t \cdot s_d$$

Bei der Planung ist zunächst zu prüfen, ob der Gesamt-Streubereich B größer, gleich oder kleiner als der Toleranzbereich $(T_o - T_u)$ ist, wobei T_o und T_u die obere und untere Toleranzgrenze bedeuten.

$$(2) \qquad B \gtreqless (T_o - T_u)$$

α) Ist B > $(T_o - T_u)$, so lassen sich die vorgeschriebenen Bedingungen nicht einhalten. Die Anforderungen müssen in diesem Falle herabgesetzt werden, oder der Walzprozeß muß geändert, z.B. eine andere Walzmaschine benutzt werden.

β) Ist B = $(T_o - T_u)$, so lassen sich die vorgeschriebenen Bedingungen gerade einhalten.

γ) Ist B < $(T_o - T_u)$, so lassen sich die vorgeschriebenen Bedingungen auf alle Fälle einhalten. Man hat hierbei die Möglichkeit, den Gesamt-Streubereich in gewissem Maße innerhalb des Toleranzbereichs zu verschieben, z.B. derart, daß die Kontrollgrenze für Einzelwerte des Mittelkollektivs bzw. Randkollektivs mit der oberen bzw. unteren Toleranzgrenze zusammenfällt, oder daß der Bereich B symmetrisch zur Mitte von $(T_o - T_u)$ angeordnet wird. Entsprechend ist der Sollwert festzusetzen.

Die Festlegung von A für eine einseitige statistische Sicherheit von z.B. $\bar{S}$ = 95 % bedeutet, daß 5 % unter den Einzelwerten des Mittelkollektivs die obere Grenze überschreiten, also gegebenenfalls Ausschuß ergeben. Da das Mittelkollektiv aber nur für einen Teil des Bandes (etwa den 3. Teil) kennzeichnend ist, bedeutet die Festlegung noch nicht, daß 5 % aller Einzelwerte, sondern nur, daß etwa 5/3 = 1,7 % aller Einzelwerte die obere Grenze überschreiten, also Ausschuß ergeben. Bei scharfen Toleranzbedingungen wird man zunächst den Gesamt-Ausschuß, d.h. denjenigen Anteil des Bandes außer Toleranz bestimmen, der gerade noch tragbar erscheint; hiernach ist sinngemäß die statistische Sicherheit zur Bestimmung von A und mit (A·s) der Sollwert festzulegen.

Auch der Anschluß des Streubereichs der Profildifferenz und der Einzelwertverteilung des Randkollektivs ist auf den ungünstigsten Fall zugeschnitten, z.B. derart, daß bei der Festlegung des Profils aus wenigen Meßreihen in 10 % aller Fälle nicht mehr als 5 % Ausschuß entsteht.

Das Schema bleibt jedoch in allen Fällen grundsätzlich anwendbar; nur die verschiedenen Grenzen können entsprechend den Anforderungen in gewissem Maße verschoben werden. Nach den Formeln (1) und (2) bzw. nach Abbildung 9 lassen sich rechnerisch und graphisch Planungen für den Kaltwalzprozeß durchführen und neue Projekte behandeln.

An dem früher erhaltenen, umfangreichen Material (FB 288, Teil I.1) wurden die Formeln (1) und (2) überprüft. Für drei verschiedene Fabrikate A, B, C wurden in Abständen von 5 m Meßreihen quer zum Bande über die Bandlänge verteilt. Aus dem Schema der Varianzanalyse mit nur 5 Spalten und 5 Zeilen wurde die maximale Profildifferenz d und der zugehörige Streubereich $(t \cdot s_d)$ bestimmt; ferner wurde die Standardabweichung s mit 5 Spalten (5 Meßreihen längs dem Bande) und 10 Zeilen (je 10 Meßwerten) aus dem Mittel der Spannweiten berechnet. Der Faktor A wurde zu 1,64 bzw. 2,33 für eine statistische Sicherheit $\bar{S}$ von 95 % bzw. 99 % gewählt.

Die gemäß (1) und (2) berechneten Werte des Gesamt-Streubereichs B wurden mit dem wirklichen Streubereich verglichen, der sich aus den Häufigkeitsverteilungen der einzelnen Kollektive ergibt; er kann z.B. aus den Abbildungen 2 - 4 der früheren Arbeit (FB 288, Teil I) unmittelbar abgelesen werden. Diese Vergleiche ergaben:

Tabelle 2

Gesamt-Streubereich B in mm

	Nach Stichproben errechneter Wert		Wirklicher Wert
	$\bar{S}$ = 95 % $\quad$ $\bar{S}$ = 99 % $\quad$ 1-$\bar{S}$ = 5 % $\quad$ 1-$\bar{S}$ = 1 %		
Fabrikat A	0,0419	0,0469	0,045
Fabrikat B	0,082	0,0939	0,080
Fabrikat C	0,1025	0,1164	0,105

Man sieht, daß der wirkliche Wert nach Häufigkeitsverteilungen, die bei 5 % bzw. 1 % abbrechen, zwischen den für eine Überschreitungswahrscheinlichkeit von 5 % bzw. 1 % errechneten Werten liegt, für Fabrikat B unter dem von $1 - \bar{S} = 5$ %. Die Übereinstimmung ist also gut.

Die hier behandelten Zusammenhänge haben natürlich Gültigkeit und sind anwendbar sowohl bei Dickenmessung von Hand als auch bei automatischer Dickenmessung.

D. Praktische Anweisungen und Beispiele

1. Anweisung für den Entwurf eines Walzplans und Toleranzschemas

Ein Beispiel soll zeigen, wie die Methoden von Abschnitt A – C in der Praxis angewandt werden.

Gegeben sei ein Band mit einer Bandbreite von 65 mm und einer Banddicke von 0,50 mm; die Toleranzanforderungen betragen $\pm 3/100$ mm.

a) Um die Streuung in Längsrichtung des Bandes zu bestimmen, werden an 3 Ringen der Lieferung je 30 Dickenmeßwerte aufgenommen (s. A.2 d). Die Meßwerte werden nur aus dem mittleren Teil der Ringe entnommen, derart daß etwa ein Viertel der Bandlänge an beiden Enden unbenutzt bleibt. Alle 30 Messungen werden in gleichen Abständen von der Kante durchgeführt - in der Mitte des Bandes oder z.B. entsprechend der Empfehlung der DIN-Normen im Abstand von 20 mm von der Kante. Die 30 Meßwerte werden in 3 Reihen zu je 10 Meßwerten unterteilt; in jeder Reihe wird die Differenz zwischen größtem und kleinstem Wert gebildet. Aus allen Differenzen wird der Mittelwert gebildet; Division dieses Mittelwerts durch 3,078 ergibt die Standardabweichung s.

Der Wert A wird für eine bestimmte statistische Sicherheit $\bar{S}$ je nach Anforderung ausgewählt (s.S. 27). (A·s) ist der einseitige Streubereich der Dicke in Längsrichtung des Bandes. Wenn z.B. $\bar{S} = 95$ % und $A = 1,64$ gewählt wird, so bedeutet dies: Man hat die Gewähr, daß nur 5 unter 100 Meßwerten oberhalb derjenigen Grenze liegen, die im Abstand (A·s) vom Sollwert festgelegt wird. Der Betriebsmann und Praktiker muß sich also im Einzelfalle nach den Abnehmeranforderungen darüber klar werden, welchen Prozentsatz an Meßwerten außerhalb der Kontrollgrenze bzw. Toleranzgrenze er zulassen will oder kann. Danach richtet sich die Wahl von A.

b) Senkrecht zum Bande werden in etwa 10 Meßreihen je 5 Messungen ausgeführt, z.B. im Abstand von 3,5; 15; 32,5; 50; 61,5 mm von der Kante. Aus jeweils 10 im gleichen Abstand von der Kante entnommenen Meßwerten wird der Mittelwert gebildet. Die Differenzen zwischen dem größten Mittelwert, meist in der Mitte des Bandes gelegen, und den übrigen Mittelwerten sind die verschiedenen Profildifferenzen, die aufgezeichnet ein Bild des Bandstahlprofils ergeben. Die Differenz zwischen größtem und kleinstem Mittelwert, der noch berücksichtigt werden muß, ist die maximale Profildifferenz. Das ist also, wenn man sich z.B. auf Meßwerte im Mindestabstand von 20 mm von der Kante beschränkt, die Differenz zwischen den Mittelwerten in der Mitte des Bandes und in 20 mm Abstand von der Kante.

c) Bei der Bestimmung der Profildifferenz begnügt man sich mit einer geringen Zahl 10 von Meßreihen; würde man die Meßwerte an anderen Stellen des Bandes, wieder in 10 Meßreihen, entnehmen, so wäre die gemessene Profildifferenz etwas verschieden. Man muß daher auch die Streuung der Profildifferenz bestimmen; die erforderliche Rechnung ist im Anhang, Seite 39 - 42 ausführlich beschrieben. Man erhält nach Durchführung der Rechnung die Standardabweichung der Profildifferenz s_d. Man entnimmt ferner aus Tabelle 5 im Anhang für eine Meßreihenzahl $j = 10$, für die Zahl der Meßwerte in einer Reihe $k = 5$ und für eine zweiseitige statistische Sicherheit $S = 95\%$ den Wert $t = 2,03 \approx 2$. Der Wert $t \cdot s_d = 2 \cdot s_d$ ergibt den einseitigen Streubereich der Profildifferenz, der zu der eigentlichen Profildifferenz hinzuaddiert werden muß.

d) Der Gesamt-Streubereich B wird aus den Werten $(A \cdot s)$, d und $(t \cdot s_d)$ durch Addition zusammengesetzt; es ist $B = 2 \cdot A \cdot s + d + t \cdot s_d$. Dieser Streubereich wird, wie oben dargelegt (s. S. 29), in Beziehung zum Toleranzbereich $(T_o - T_u)$ gesetzt. Wenn der Streubereich nahe mit dem Toleranzbereich übereinstimmt, so wird der Sollwert des Dickenmeßgeräts im Abstand $(A \cdot s)$ von der oberen Toleranzgrenze festgelegt; die Walzung wird nach diesem Sollwert durchgeführt.

Die durchgeführte Rechnung zeigt,
1) ob die gestellten Anforderungen durch den Walzprozeß wirklich eingehalten werden können,
2) auf welchen Sollwert die Endwalzung mittels Dickenmeßgerät eingeregelt werden muß.

Forschungsberichte des Wirtschafts- und Verkehrsministeriums Nordrhein-Westfalen

Wenn in einem anderen speziellen Falle nur verlangt wird, daß die Toleranzbedingungen nach den DIN-Normen in einem Abstand von 20 mm von der Kante eingehalten werden, so beschränkt man sich auf die Bestimmung der Streuung in Längsrichtung des Bandes (s. oben unter a). Der Streubereich B ist hierbei $B = 2 \cdot A \cdot s$.

2. Bestimmung des Bandprofils und der Querstreuung von Spezialband und von breitem Band

Das zur Untersuchung bestimmte Spezialband hat eine Breite von 65 mm und wird nach Walzung in 3 Teilbänder von je 20 mm Breite zerschnitten. Abnahmebedingung ist, daß die an den Teilbändern und zwar über die ganze Breite gemessenen Dickenwerte innerhalb der Toleranzgrenzen liegen. Demgemäß wurden vor Zerschneiden des Spezialbandes in Teilbänder Meßpunkte auf den vorgesehenen Schnittkanten und in der Mitte der Teilbänder festgelegt, wie der obere Teil von Abbildung 10 zeigt.

Im unteren Teil der Abbildung 10 ist das Bandprofil wiedergegeben, das durch Mittelwertbildung aus $5 \cdot 5$ Profilreihen erhalten wurde; der zugehörige Streubereich, bestimmt für 5 Mittelwerte von je 5 Einzelwerten, ist schraffiert eingezeichnet. Die maximale Profildifferenz beträgt $2,5\ ^1/100$ mm.

Zur Untersuchung des breiten Bandes mit einer Breite von 300 mm wurden an einem Ende von 3 Ringen Bandstücke von je 20 m Länge entnommen und an 2 Stellen zur Messung durchschnitten. Das an $3 \cdot 3$ Profilreihen erhaltene Bandprofil der einen Hälfte des Bandes ist in Abbildung 11 wiedergegeben.

Die Meßpunkte waren nahe an der Bandkante in 2 mm Abstand, in einer Entfernung von 20 - 70 mm von der Bandkante in 5 mm Abstand und in der Mitte des Bandes in 10 mm Abstand angeordnet. Der Kantenabfall der Dicke bis zu einer Entfernung von 20 mm von der Kante beträgt $1,55\ ^1/100$ mm, der restliche Abfall bis zur Bandmitte nur noch $0,75\ ^1/100$ mm. Der Streubereich für eine Profilreihenzahl von $j = 9$ ist schraffiert eingetragen.

3. Walzplan und Toleranzschema für dünnes Band

In einem speziellen Falle wurde gefordert, daß die Toleranzanforderungen nach den DIN-Normen über die ganze Bandbreite eingehalten werden sollten. Das bedeutet, daß bei einer Banddicke von 0,1 mm die Dickenabweichungen über die ganze Bandbreite von 96 mm (abzüglich Kantenschnitt) und über die ganze Bandlänge nicht mehr als $\pm\ ^1/100$ mm betragen dürfen.

Forschungsberichte des Wirtschafts- und Verkehrsministeriums Nordrhein-Westfalen

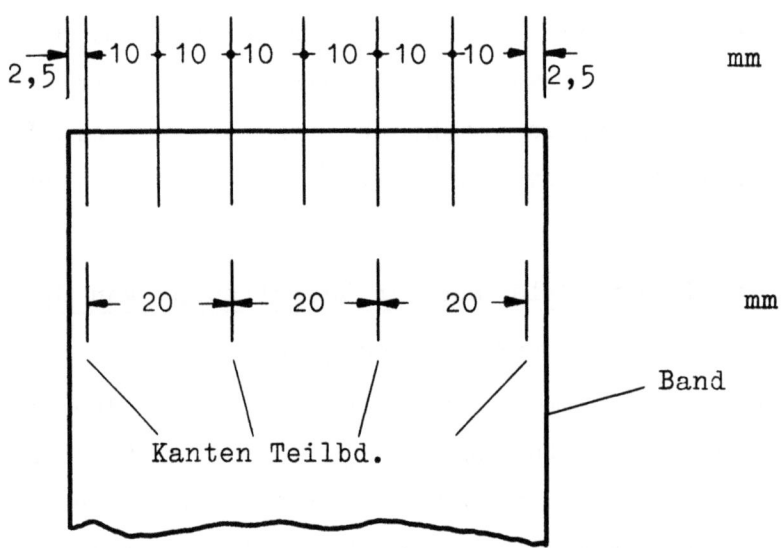

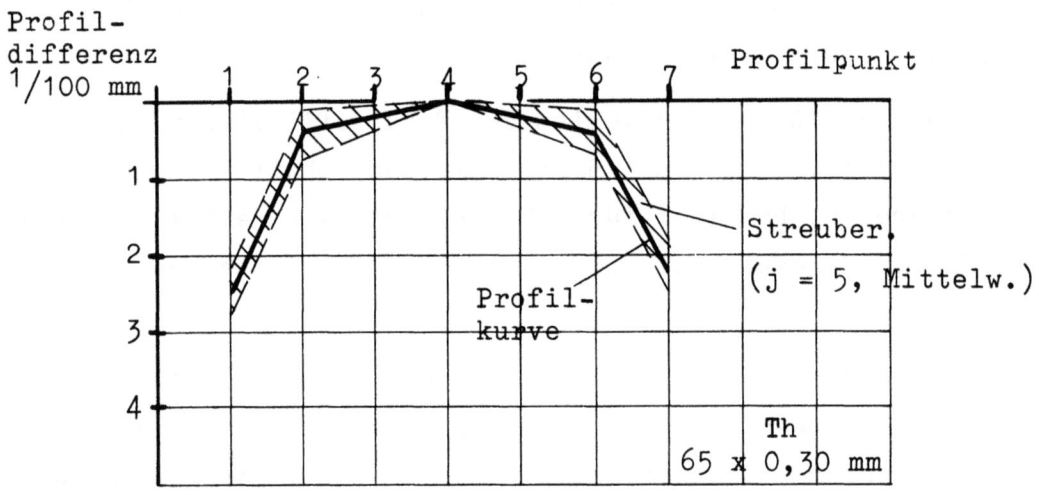

Abbildung 10
Profilkurve und Streubereich von Spezialband

Es war zu untersuchen, ob und unter welchen Voraussetzungen diese Vorschriften eingehalten werden können; das entsprechende Toleranzschema und ein Walzplan sollten entworfen werden. Von wirtschaftlichem Interesse ist ferner die Frage, ob der Materialausschuß beim Schneiden der Kanten verringert werden kann.

Da ein Band von 0,1 mm Dicke nicht zur Verfügung stand, wurden Untersuchungen an Bandringen von 0,16 mm Dicke durchgeführt.
a) Längsstreuung. Die Standardabweichung s wurde aus 40 Meßwerten des Mittelkollektivs eines Bandrings nach A·2 a) berechnet und zu $s = 0,00258$ mm

Seite 34

bestimmt; sie ist in guter Übereinstimmung mit Werten, die nach Mittelwerten von Spannweiten erhalten wurden (s. A·2 d). Man kann nicht ohne weiteres annehmen, daß die Standardabweichung bei 0,1 mm Dicke kleiner ist als die gemessene Standardabweichung bei 0,16 mm Dicke.

b) Zur Bestimmung der Profildifferenz d und des zugehörigen Streubereichs $(t \cdot s_d)$ wurden 10 Profilreihen an einem Bandring verwendet. Die maximale Profildifferenz ist verschieden, je nachdem wieviel Material an den Kanten abgeschnitten wird. In Tabelle 3 sind die maximalen Profildifferenzen für verschiedene Kantenschnitte zusammengestellt; hierbei ist angenommen, daß der äußerste Meßpunkt 2 mm von der beschnittenen Kante entfernt ist.

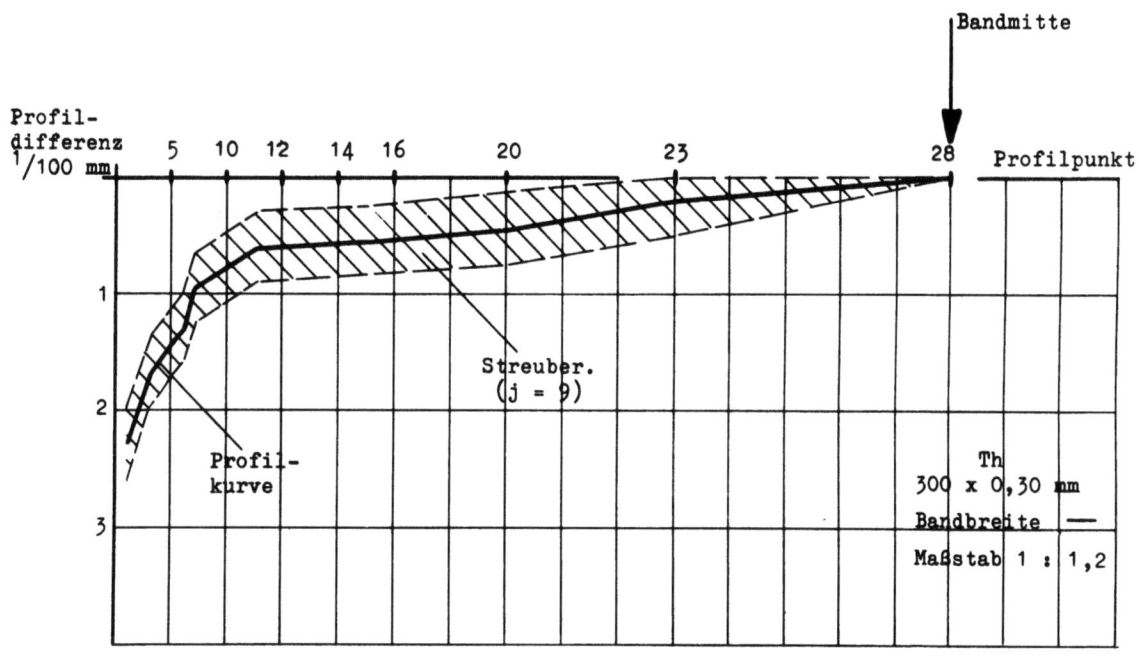

Abbildung 11

Profilkurve und Streubereich von breitem Band

Tabelle 3

Entfernung Kantenschnitt von der Kante in mm	0	4	6	8
Maximale Profildifferenz in $1/100$ mm	0,97	0,72	0,75	0,54

Für einen Kantenschnitt im Abstand von 8 mm auf beiden Seiten des Bandes beträgt die maximale Profildifferenz im Mittel 0,0054 mm. Die Standardabweichung der Profildifferenz beträgt (j = 10) s_d = 0,00067 mm und der zugehörige Streubereich $\pm$ 0,00136 mm. Mit diesen Werten ergibt sich das Toleranzschema von Abbildung 12, Darstellung a).

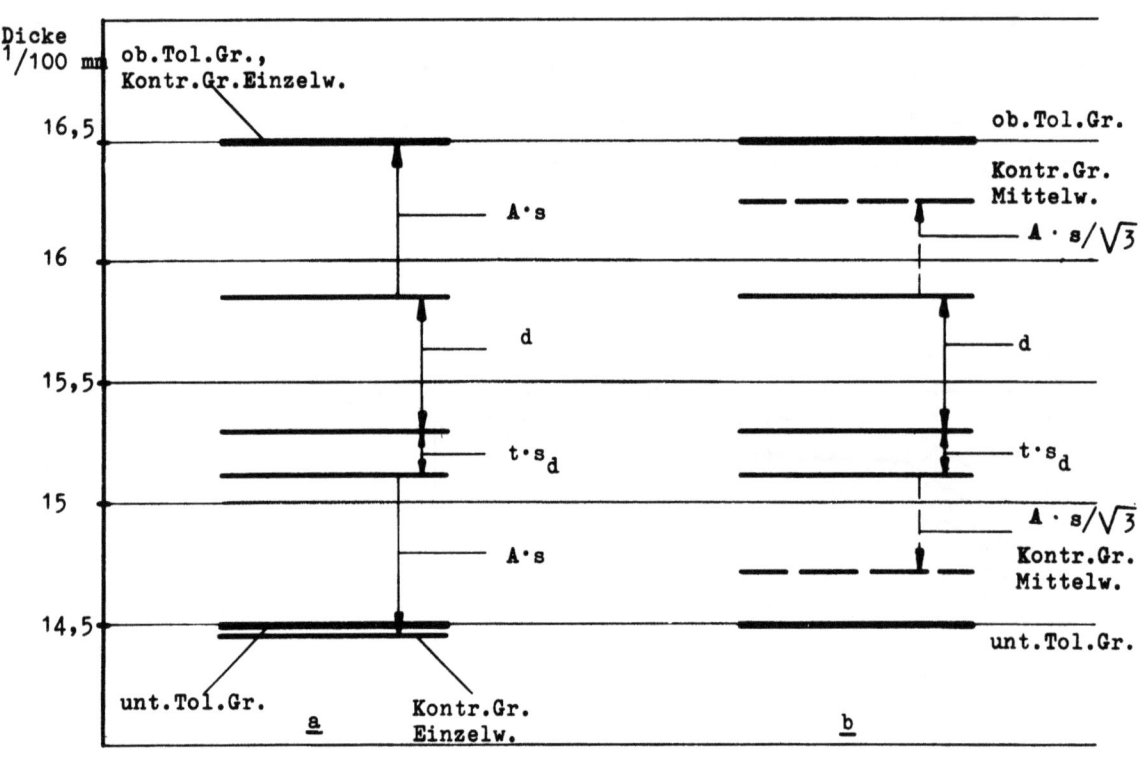

Abbildung 12
Walzplan und Toleranzschema für dünnes Band

Der Gesamt-Streubereich B ist gemäß (1)

$$B = 2 \cdot 2,58 \cdot 0,258 + 0,54 + 0,14 = 2,01 \; {}^1/100 \text{ mm}$$

Hiernach können die Toleranzanforderungen gerade eben eingehalten werden.

Nach den DIN-Normen ist vorgeschrieben, daß bei der Abnahme keine Einzelwerte, sondern aus je 3 Einzelwerten gebildete Mittelwerte geprüft werden sollen. Wenn diese Vorschrift im vorliegenden Falle verpflichtend gemacht wird, so bedeutet dies, daß statt des Streubereichs der Einzelwerte (A·s) der Streubereich der Mittelwerte von Stichproben zu j = 3 eingesetzt werden muß (A·s/$\sqrt{3}$). Der entsprechende Streubereich ist um das ($\sqrt{3}$ = 1,73)-fache kleiner als der Streubereich der Einzelwerte und beträgt nur noch

58 % dieses Bereiches. Die Profildifferenz d und der Streubereich $(t \cdot s_d)$ werden durch diese Abnahmevorschrift der DIN-Normen natürlich nicht berührt. Wie Abbildung 12 b) zeigt, ergibt sich eine beachtliche Verringerung des Gesamt-Streubereiches um 27 %, so daß nunmehr $B < (T_o - T_u)$ ist. Diese Abnahmevorschrift ist unbedingt zu empfehlen; sie kann für die Durchführung des Projektes entscheidend sein. Wesentlich bei der Abnahme ist auch der gegenseitige Abstand der 3 Einzelwerte. Er sollte mindestens 15 cm, möglichst aber ein Vielfaches von 15 cm betragen.

Das Toleranzschema nach Abbildung 12 und der Walzplan mit der Festlegung des Sollwerts auf $(T_o - 0{,}0065\ \text{mm})$ hat zur Voraussetzung, daß der Walzprozeß in Kontrolle und auf dem Sollwert gehalten werden kann. Beide Forderungen sind mit einem normalen Dickenmeßgerät nicht zu erfüllen, da die Kontrollgrenzen (Regelgrenzen mit S = 95 %) im Abstand von nur 0,005 mm vom Sollwert liegen; man müßte hier wahrscheinlich ein Dickenmeßgerät mit höherer Meßgenauigkeit von 2 - 3/1000 mm wählen. Nach Einbau dieses Gerätes wäre der Walzprozeß auf Einhaltung der Kontrollgrenzen zu prüfen. Ferner wäre zu untersuchen, ob die Profildifferenz von 0,0054 mm bei Bandstahlringen aus verschiedenen Lieferungen nicht wesentlich überschritten wird.

Erst nach Erledigung dieser Vorfragen ist es möglich, eine Verringerung des Materialausschusses zu erörtern. Der Materialausschuß beträgt bei einem Kantenschnitt in 8 mm Entfernung von beiden Kanten und einer Bandbreite von 96 mm 17 %. Eine Herabsetzung des Kantenschnitts auf 4 mm würde nur noch 8,5 % Materialausschuß oder, verglichen mit 8 mm Kantenschnitt, 8,5 % Materialgewinn bedeuten.

Es erscheint in diesem Zusammenhang zweckmäßig, eine Verringerung der Profildifferenz durch Vorwalzungen mit optimaler Walzenballigkeit anzustreben. Nach Formel (16) im Anhang kann die optimale Walzenballigkeit berechnet werden. Das Beispiel Seite 46 bezieht sich näherungsweise auf den vorliegenden Fall. Änderungen des Faktors k in (16) lassen sich gegebenenfalls durch zweckmäßige Vorversuche erfassen.

E. Zusammenfassung

Bei Kaltwalzverfahren mit automatischer Dickenmessung wurden Untersuchungen hinsichtlich Kontrolle des Prozesses und Homogenität der Lieferungen durchgeführt. Die Vorteile des automatischen Dickenmeßgeräts beruhen auf der automatischen Festlegung des Meßpunktes in der Mitte des Bandes und auf der laufenden Anzeige und Überwachung.

Die Verwendung von Kontrollgrenzen für Einzelwerte, im Anzeigeinstrument markiert durch einstellbare Hilfszeiger, führt zu einer weiteren Gütesteigerung. Diese Kontrollgrenzen werden nicht empirisch, sondern mathematisch-statistisch nach dem natürlichen Streubereich des Prozesses festgelegt.

Methoden zur Bestimmung der Unterschiede der Banddicke in Längsrichtung des Bandes und zur Festlegung von Kontrollgrenzen wurden angegeben.

Bei den Unterschieden der Banddicke in Querrichtung des Bandes sind zu unterscheiden die wesentlichen Unterschiede der verschiedenen Profilpunkte (Profildifferenzen) und die zufallsbedingten Schwankungen dieser Differenzen. Die Profildifferenzen werden ermittelt durch Mittelwertbildung mehrerer Profil-Meßreihen und die Schwankungen dieser Differenzen durch Bestimmung des Versuchsfehlers im Profilreihenschema nach den Methoden der Varianzanalyse. Profildifferenzen von Bandstahl mit den zugehörigen Streubereichen wurden für verschiedene Zahlen von Profilreihen angegeben. Es empfiehlt sich im allgemeinen, 10 Meßreihen, bei geringeren Ansprüchen 5 Meßreihen zu verwenden.

Nach den angegebenen Meß- und Auswertungsverfahren wurde der Einfluß der Balligkeit von Walzen auf die Profilbildung untersucht. Bei Walzen mit geometrisch gestaffelter Walzenballigkeit zwischen 1,5 und 24 $^1/100$ mm wurde festgestellt, daß die Verwendung der größtmöglichen Walzenballigkeit im 1. Vordruck und die Verwendung kleinerer Walzenballigkeit in den weiteren Vordrucken optimal ist. Wieweit eine Verallgemeinerung dieser Ergebnisse möglich ist, müssen weitere Versuche zeigen.

Praktisch wichtige Gebrauchsformeln zur Berechnung der wirksamen Balligkeit aus der Walzenballigkeit, der Walzen- und Bandbreite sowie zur Berechnung der Walzenballigkeit aus gegebenen Anforderungen und der optimalen wirksamen Balligkeit wurden abgeleitet.

Mit den angegebenen Hilfsmitteln ist es möglich, Toleranzschemata und Walzpläne rechnerisch und graphisch zu entwerfen. Die optimale Ausnützung des Toleranzbereichs und Festlegung des Walzplans wird an Beispielen vorgeführt. Das Verfahren ist in der Praxis leicht anwendbar und ermöglicht überhaupt erst eine exakte Bestimmung der Anforderungen, die sich durch Walzprozesse mit gegebenen Mitteln erfüllen lassen, und eine exakte Behandlung neuer Projekte.

Forschungsberichte des Wirtschafts- und Verkehrsministeriums Nordrhein-Westfalen

Anhang: Mathematische Erläuterungen

Zu A.2, B.1 und C.2:

Längs- und Querstreuung

Bei der Untersuchung des Bandstahlprofils sind Messungen an Warm- und Kaltbändern auszuführen. Bei Warmbändern und zum Teil bei Kaltbändern in den ersten Drucken treten nun Trenderscheinungen auf (Anwachsen der Banddicke in Längsrichtung des Bandes), die für die Profiluntersuchung nicht interessieren und eliminiert werden müssen. Zur Untersuchung ist daher die Varianzanalyse in zweifacher Gruppierung anzuwenden. Bei breiteren Bändern können ferner Meßwerte über die ganze Bandlänge nicht verteilt werden, da in den Meßreihen quer zum Bande die Bänder zerschnitten werden müssen, also Ausschuß ergeben. Man muß sich hier mit Messungen an den Enden der Bänder begnügen, die auch in den höheren Drucken vielfach wesentliche Dickenunterschiede längs dem Bande aufweisen und demgemäß allgemein die Varianzanalyse in zweifacher Gruppierung erfordern.

Für die Feststellung des Toleranzschemas interessiert nur der letzte Druck. Würde man im letzten Druck Meßreihen quer zum Bande über die ganze Bandlänge verteilen und nach dem Schema der Varianzanalyse in zweifacher Gruppierung auswerten, so würde man meist feststellen, daß die Gruppenstreuung zwischen Zeilen nicht signifikant ist. Sie kann daher mit der Versuchsfehlerstreuung in zweifacher Gruppierung zu einer neuen Streuung zusammengefaßt werden, die die Versuchsfehlerstreuung in einfacher Gruppierung darstellt; diese Versuchsfehlerstreuung ist nichts anderes als die mittlere Streuung in den verschiedenen, nebeneinander liegenden Meßreihen längs dem Bande.

Die letzte Untersuchung, bei der man alle Unterlagen aus dem Schema der Varianzanalyse erhält, ist aus den oben angeführten Gründen häufig nicht durchführbar. Daher müssen im allgemeinen beide Bestimmungen getrennt und die Querstreuung aus dem Schema der Varianzanalyse und die Längsstreuung aus den Spannweiten besonderer Meßreihen gewonnen werden.

Zu B.1:

Versuchsfehler und Streubereich von Profildifferenzen

Die zur Berechnung nötigen Quadratsummen sind[15]

---

15. FB 288, S. 74

Versuchsfehler-Quadratsumme der einfachen Gruppierung

$$q_v^{(1)} = \sum_1^j \sum_1^k (x_{jk} - z_j)^2$$

Quadratsumme zwischen den Zeilen

(3)
$$q_z = k \cdot \sum_1^j (z_j - g)^2$$

Quadratsumme zwischen den Spalten

$$q_s = j \cdot \sum_1^k (s_k - g)^2$$

Hier und im folgenden bedeuten j - Zeilenzahl, k - Spaltenzahl, x_{jk} - Einzelwert in der j-ten Zeile und k-ten Spalte, z_j - Zeilendurchschnitt der j-ten Zeile, s_k - Spaltendurchschnitt der k-ten Spalte, g - Gesamt-Durchschnitt. Ein Zahlenbeispiel, das Abbildung 7, Druck 3 entspricht, ist in Tabelle 4 gegeben. Die ursprünglichen Werte x_{jk} sind in diesem Beispiel durch die Werte $x_{jk}^* = a \cdot x_{jk} - b$ mit a = 1000, b = 480 ersetzt.

Tabelle 4

Spalte Zeile	1 Δ	2 Δ	3 Δ	4 Δ	5 Δ	Durchschnitt Zeile z_j
1	30 -11	45 +4	50 +9	45 +4	35 -6	41
2	0 -14	15 +1	20 +6	20 +6	15 +1	14
3	30 -12	45 +3	45 +3	50 +8	40 -2	42
Durchschnitt Spalte s_k	20 -12,3	35 +2,7	38,3 +6	38,3 +6	30 -2,3	32,3

Forschungsberichte des Wirtschafts- und Verkehrsministeriums Nordrhein-Westfalen

Die Abweichungen der Einzelwerte von den Zeilendurchschnitten und der Spaltendurchschnitte vom Gesamt-Durchschnitt sind rechts neben den Werten der Tabelle unter Δ eingetragen. Man erhält

$$q_v^{(1)} = 11^2 + 4^2 + \ldots + 8^2 + 2^2 = 770$$

$$q_s = 3 \cdot (12{,}3^2 + \ldots 2{,}3^2) = 707{,}6$$

$$\frac{q_v^{(1)}}{q_s} = \frac{770}{707{,}6} = 1{,}09 \quad \text{D.h. die Unterschiede der Spaltendurchschnitte sind wesentlich.}$$

Die Versuchsfehlerstreuung des Einzelwertes wird aus den Quadratsummen $q_v^{(1)}$ und q_s erhalten, indem man bildet

$$(4) \qquad \frac{q_v^{(2)}}{(j-1)\cdot(k-1)} = \frac{q_v^{(1)} - q_s}{(j-1)\cdot(k-1)} = \frac{62{,}4}{2\cdot 4} = 7{,}8$$

Formel (4) ist also die Versuchsfehler-Quadratsumme der zweifachen Gruppierung $q_v^{(2)}$ bzw. derjenige Schwankungsrest, der nach Abzug der Gruppenschwankungen in Zeilen- und Spaltenrichtung übrigbleibt, dividiert durch die Zahl der Freiheitsgrade $(j-1)\cdot(k-1)$, oder die auf jeden Einzelwert entfallende Versuchsfehlerstreuung. Die Standardabweichung des Einzelwerts ist gleich der Wurzel aus diesem Wert, die bei Verwendung von x_{jk}^* noch durch die Konstante a dividiert werden muß. Mithin gilt

Standardabweichung des Einzelwerts

$$(5) \qquad s = \frac{1}{a} \cdot \sqrt{\frac{q_v^{(1)} - q_s}{(j-1)\cdot(k-1)}} = \frac{1}{1000} \cdot \sqrt{\frac{62{,}4}{2\cdot 4}} = 0{,}00279$$

Die Standardabweichung des aus n Einzelwerten gebildeten Mittelwerts (Spaltendurchschnitt) wird durch Multiplikation mit $\sqrt{\frac{1}{n}}$ und die Standardabweichung der Differenz zweier Mittelwerte durch Multiplikation mit $\sqrt{2}$ erhalten. Demnach ist

Standardabweichung der Profildifferenz

$$(6) \qquad s_d = \frac{1}{a} \cdot \sqrt{\frac{2\cdot(q_v^{(1)} - q_s)}{n\cdot(j-1)\cdot(k-1)}} = \sqrt{\frac{2}{n}} \cdot s = \sqrt{\frac{2}{3}} \cdot 0{,}00279 = 0{,}00218$$

Forschungsberichte des Wirtschafts- und Verkehrsministeriums Nordrhein-Westfalen

Der Streubereich - Abstand der zu beiden Seiten der Profildifferenz angeordneten Streugrenzen von dieser Differenz - ist

(7) $$\pm t \cdot s_d = \pm t \cdot \sqrt{\frac{2}{n}} \cdot s = \pm 3{,}36 \cdot 0{,}00228 = \pm 0{,}00765$$

wobei t die Integralgrenze der t-Verteilung ist und aus Tabellen für gegebene Freiheitsgrade $n' = (j-1) \cdot (k-1)$ entnommen werden kann (s. Tab. 5).

Tabelle 5

Werte von t

	j	3	5	10
	$n' = (j-1) \cdot 4$	8	16	36
t	S = 80 %	1,40	1,34	1,31
	S = 90 %	1,86	1,75	1,70
	S = 95 %	2,31	2,12	2,03
	S = 99 %	3,36	2,92	2,72
FG: $n' = (j-1) \cdot (k-1) = (j-1) \cdot 4$ mit $k = 5$				

Bei der Berechnung des Versuchsfehlers und des Streubereichs der Profildifferenzen in zweifacher Gruppierung ist es zulässig, in den verschiedenen Zeilen verschiedene Konstanten b_j statt einer Konstanten b zu benutzen, was u.U. eine erhebliche Rechenvereinfachung bedeutet. Denn hierfür gilt mit $x^*_{jk} = a \cdot x_{jk} - b_j$ das Schema der Tabelle 6.

Nach Tabelle 6 sind die Differenzen der Einzelwerte und Zeilendurchschnitte und der Spaltendurchschnitte und des Gesamt-Durchschnitts unabhängig von den verschiedenen Konstanten b_j. Daraus folgt, daß auch die Werte $q_v^{(1)}$ und q_s - nicht aber der Wert q_z - von b_j unbeeinflußt bleiben, d.h. daß man zur Berechnung des Versuchsfehlers und der mittleren Profildifferenz statt der Urwerte die Profildifferenzen in den einzelnen Meßreihen verwenden darf. Daß dagegen q_z von b_j abhängt, ist verständlich, da die Gruppenstreuung zwischen Zeilen natürlich durch die verschiedene Höhe des Zeilenniveaus, also durch die von Zeile zu Zeile veränderliche Größe b_j beeinflußt wird.

Forschungsberichte des Wirtschafts- und Verkehrsministeriums Nordrhein-Westfalen

Tabelle 6

Spalte Zeile	1 ..... k		Durchschnitt Zeile z_j
1	$(a \cdot x_{11} - b_1)$	$(a \cdot x_{1k} - b_1)$	$\frac{a}{k} \cdot (x_{11} + .. + x_{1k})$ $-b_1$
.....	.....	.....	.....
j	$(a \cdot x_{j1} - b_j)$	$(a \cdot x_{jk} - b_j)$	$\frac{a}{k} \cdot (x_{j1} + .. + x_{jk})$ $-b_j$
Durchschnitt Spalte s_k	$\frac{a}{j} \cdot (x_{11} + .. x_{j1})$ $-\frac{1}{j}(b_1 + .. b_j)$	$\frac{a}{j} \cdot (x_{1k} + .. x_{jk})$ $-\frac{1}{j}(b_1 + .. b_j)$	$\frac{a}{jk} \cdot (x_{11} + .. x_{jk})$ $-\frac{1}{j}(b_1 + .. b_j)$

Wenn nach Probenmessungen an verschiedenen Profil-Meßreihen (Zahl der Meßreihen gleich j) ein bestimmter Wert von s festgestellt worden ist, so läßt sich die für die Untersuchung erforderliche Reihenzahl n nach (7) berechnen. Es ist nämlich, wenn die gesamte Streubreite einen bestimmten Wert U nicht überschreiten soll,

$$U = 2 \cdot t \cdot s_d = 2 \cdot t \cdot \sqrt{\frac{2}{n}} \cdot s$$

Daraus ergibt sich n zu

(8) $$n = 2 \cdot \left(\frac{2 \cdot t \cdot s}{U}\right)^2 = \left(\frac{2 \cdot t}{a \cdot U}\right)^2 \cdot \frac{2 \cdot (q_v^{(1)} - q_s)}{(j-1)(k-1)}$$

FG für t: $n' = (j-1) \cdot (k-1)$

Zu B.2:

Wirksame Balligkeit von Walzen

Es sei angenommen, daß die Walzenoberfläche zur Erzielung einer Balligkeit kreisförmig geschliffen ist.

In Abbildung 8 a) entspricht demnach bei einem durch die Achse gelegten Walzenschnitt der Kreisbogen über der Sehne s_1 der Berandung der Walze und der über der Sehne s_2 liegende Kreisbogen demjenigen Teil der Walzenberandung, der zur tatsächlichen Walzung benutzt wird; die Sehne s_1 ist daher gleich der Walzenbreite und die Sehne s_2 gleich der Breite des gewalzten Bandes, der Bandbreite. Mit den Bezeichnungen von Abbildung 8 a) gilt

$$(9) \qquad r^2 - \left(\frac{s_1}{2}\right)^2 = (r-h_1)^2$$

$$(10) \qquad r^2 - \left(\frac{s_2}{2}\right)^2 = (r-h_2)^2$$

Aus Gleichung (9) wird r berechnet zu

$$(11) \qquad r = \frac{s_1^2 + 4h_1^2}{8h_1} = \frac{s_1^2}{8h_1} \cdot \left\{1 + \left(\frac{2h_1}{s_1}\right)^2\right\}$$

$$= \frac{s_1^2}{8h_1} \cdot (1 + \varepsilon^2)$$

$$\text{mit} \quad \varepsilon = \frac{2h_1}{s_1}$$

und in Gleichung (10) zur Berechnung von h_2 eingesetzt; es ergibt sich

$$(12) \qquad h_2 = r \cdot \left\{1 - \sqrt{1 - \left(\frac{s_2}{2r}\right)^2}\right\}$$

$$= \frac{s_1^2}{8h_1} \cdot (1 + \varepsilon^2) \cdot \left\{1 - \sqrt{1 - \left(\frac{4h_1 s_2}{s_1^2 (1+\varepsilon^2)}\right)^2}\right\}$$

In der Walztechnik ist das Verhältnis von Balligkeit h_1 zu Walzenbreite s_1 stets kleiner als 2,5 : 1000; demnach ist

$$\varepsilon = \frac{2h_1}{s_1} \lesssim 5 \cdot 10^{-3} \quad \text{und} \quad \varepsilon^2 \lesssim 2{,}5 \cdot 10^{-5}$$

Mit einem Fehler von weniger als 0,1 °/oo kann daher ε^2 gegen 1 vernachlässigt werden. Der Ausdruck unter der Wurzel von (12) kann nunmehr wie folgt geschrieben werden

(13) $$\left\{\frac{4h_1 s_2}{s_1^2(1+\varepsilon^2)}\right\}^2 \approx \left\{\frac{4h_1}{s_1} \cdot \frac{s_2}{s_1}\right\}^2$$

In (13) kann der Ausdruck $\frac{s_2}{s_1}$ höchstens gleich 1 werden, und für den Ausdruck $\frac{4h_1}{s_1}$ gilt

(14) $$\left\{\frac{4h_1}{s_1}\right\}^2 = 4\varepsilon^2 \leq 1 \cdot 10^{-4}$$

Die Wurzel in (12) kann daher in eine Reihe entwickelt und nach dem 2. Glied abgebrochen werden - der Fehler dieser Näherung ist, bezogen auf das 2. Glied, $\leq 2,5 \cdot 10^{-5}$ -, und man erhält für h_2 nach (12)

(15) $$h_2 \approx \frac{s_1^2}{8h_1} \cdot \left\{1 - \left[1 - \frac{1}{2} \cdot \left(\frac{4h_1 s_2}{s_1^2}\right)^2\right]\right\}$$

$$= \frac{s_1^2}{8h_1} \cdot \frac{1}{2} \cdot \frac{16 h_1^2 s_2^2}{s_1^4} = h_1 \cdot \left(\frac{s_2}{s_1}\right)^2$$

oder $$\frac{h_2}{h_1} = \left(\frac{s_2}{s_1}\right)^2$$

In Worten: Die wirksamen Balligkeiten verhalten sich wie die Quadrate der Bandbreiten, bzw. die wirksame Balligkeit verhält sich zur Walzenballigkeit wie das Quadrat von Bandbreite zu Walzenbreite. Der Gesamtfehler von (15) ist $< 1 \cdot 10^{-4}$.

Bei den Versuchen über Balligkeit von Walzen wurde gefunden, daß die optimale wirksame Balligkeit h_2 in bestimmtem Verhältnis zur maximalen Profildifferenz d steht

$$\frac{h_2}{d} = k$$

Mit (15) ergibt sich

(16) $$h_1 = h_2 \cdot \left(\frac{s_1}{s_2}\right)^2 = k \cdot d \cdot \left(\frac{s_1}{s_2}\right)^2$$

Formel (16) ist, wenn von dem Geltungsbereich des Faktors k abgesehen wird, formal genau so gültig wie (15). Wenn jedoch unterstellt wird, daß auch in anderen Fällen ein gleiches optimales Verhältnis wirksame Balligkeit zu Profildifferenz existiert - was natürlich der Nachprüfung bedarf - so stellt (16) eine wichtige Gebrauchsformel zur Berechnung der erforderlichen Walzenballigkeit dar. Der Zahlenwert von k betrug für die oben angeführten Versuche etwa $\frac{2}{3}$, wobei sich die maximale Profildifferenz d auf Banddicken in 3,5 mm Abstand von der Kante bezog.

Beispiel:

Für eine Walzenbreite s_1 = 155 mm, eine Bandbreite s_2 = 96 mm, eine Profildifferenz d = 2,5 $^1/100$ mm (dünnes Band) und für k = 2/3 ergibt sich

$$h_1 = \frac{2}{3} \cdot 2,5 \cdot \left(\frac{155}{96}\right)^2 = 4,34 \; ^1/100 \, mm$$

Die Walzenballigkeit h_1 sollte in diesem Falle also nur rd. 4 $^1/100$ mm betragen.

II. Kontrolle von Fabrikationsprozessen bei gleichzeitiger Mittelwerts- und Streuungsänderung

1. Iterations- und Extremwertkarte

Bei den zur Fabrikationskontrolle verwendeten Stichprobenkarten sind im Gegensatz zu den üblichen Kontrollkarten keine Aufschreibungen oder Berechnungen von Werten erforderlich. Die Meßwerte werden vielmehr unmittelbar in die Stichproben-Kontrollkarte eingetragen, und diese Stichprobenkarte stellt selbst ein Meßprotokoll dar, in dem alle Urwerte enthalten sind. Die Kontrolle von Fabrikationsprozessen mittels Stichprobenkarte erfolgt derart, daß bei jeder Stichprobenentnahme geprüft wird, ob die zur Stichprobe gehörenden n Meßwerte gewisse Kontrollgrenzen teilweise oder in ihrer Gesamtheit überschreiten.

Insbesondere wird bei der sogenannten Extremwertkarte[16] daraufhin geprüft, ob einer oder zwei ... oder n unter den n Meßwerten gewisse äußere Kon-

---

16. U. GRAF und R. WARTMANN, Die Extremwertkarte bei der laufenden Fabrikationskontrolle, Mitteilungsblatt f. Math. Statistik, 6 (1954), S. 121 u. 188

trollgrenzen, die Extremwertgrenzen, überschreiten. Bei den neuerdings entwickelten Iterationskarten[17] wird ferner daraufhin geprüft, ob alle n Meßwerte gewisse innere Kontrollgrenzen, die Iterationsgrenzen, überschreiten. Wenn man als Kontrollbereich denjenigen Bereich definiert, der durch die beiden Kontrollgrenzen, seien es nun die Extremwert- oder die Iterationsgrenzen, begrenzt wird, so kann man beide Kartentypen unter einem einheitlichen Gesichtspunkt behandeln, nämlich unter dem Gesichtspunkt der Iterationen.

Gegenstand der Prüfung bei der Iterationskarte sind die Iterationen außerhalb des durch die Iterationsgrenzen festgelegten Kontrollbereichs. Wenn eine solche Iteration außerhalb der Kontrollgrenzen, entweder oberhalb der oberen oder unterhalb der unteren Kontrollgrenze, beobachtet wird, so bedeutet dies, daß eine überzufällige Verschiebung des Mittelwerts der Häufigkeitsverteilung stattgefunden hat - genauer: daß nur mit einer Wahrscheinlichkeit von $(1 - S)\%$ die beobachtete Iteration rein zufallsmäßig zu erwarten ist. Die Kontrollgrenzen der Iterationskarte liegen im allgemeinen in der Nähe des Sollwerts der Karte; sie können sogar bei kleinen Anforderungen an die statistische Sicherheit bzw. bei großem Stichprobenumfang auf der der Prüfiteration abgewandten Seite des Sollwerts liegen, d.h. also für obere Iterationen nahe unterhalb des Sollwerts und für untere Iterationen nahe oberhalb des Sollwerts. In diesem Falle wird der oben definierte Kontrollbereich einen negativen Breitenwert besitzen.

Gegenstand der Prüfung bei der Extremwertkarte sind hingegen die Iterationen innerhalb des durch die Extremwertgrenzen festgelegten Kontrollbereichs. Wenn eine solche Iteration innerhalb der Kontrollgrenzen beobachtet wird, so bedeutet dies, daß keine überzufällige Verschiebung des Mittelwerts oder Veränderung der Streuung der Häufigkeitsverteilung feststellbar ist. Wenn andererseits keine solche Iteration innerhalb der Kontrollgrenzen beobachtet wird, d.h. wenn wenigstens einer unter den n Meßwerten die Kontrollgrenzen überschreitet, so bedeutet dies, daß eine überzufällige Verschiebung des Mittelwerts oder Änderung der Streuung stattgefunden hat.

Wie oben bereits angedeutet wurde, sprechen die Iterationsgrenzen nur auf Mittelwertsänderung, dagegen die Extremwertgrenzen sowohl auf Mittelwerts-

---

17. K. BRÜCKER-STEINKUHL, Stichprobenkarten mit Iterationen, Mitteilungsblatt für Math. Statistik, 8 (1956), S. 154

als auf Streuungsänderung an. Die Iterationsgrenzen sind demnach eindeutig und die Extremwertgrenzen zweideutig. Gerade diese Tatsache hat zu einer interessanten Erweiterung der Prüfung mittels Stichprobenkarten geführt. Während bei allen bisher bekannten Karten, seien es Kontrollkarten oder Stichprobenkarten, jeweils nur ein Kennzeichen beobachtet wird oder aber bei Beobachtung zweier Kennzeichen zwischen den zwei Kennzeichen nicht unterschieden wird, so daß zur Überwachung der beiden wichtigsten Kennzeichen, Mittelwert und Streuung, zwei Kontrollkarten oder zweispurige Kontrollkarten erforderlich sind, lassen sich nunmehr Stichprobenkarten angeben, die nur einspurig sind, mit deren Hilfe man jedoch getrennt zwei Kennzeichen, Mittelwert und Streuung, überwachen kann. Man erreicht diese Erweiterung, indem man in die Stichprobenkarten sowohl Extremwertgrenzen als auch Iterationsgrenzen einzeichnet, und indem man prüft, wie die n Meßwerte im Verhältnis zu den verschiedenen Grenzen über das Kartenfeld verteilt sind. Der große Vorteil dieser Prüfmethode ist, daß der Benutzer der Karte, im allgemeinen der Mann an der Maschine, nach dem Bild der Stichprobenverteilung, also nach einer anschaulichen Darstellung, seine Entscheidungen treffen kann. Man erhält durch solche Stichprobenkarten ohne Aufzeichnung und Rechnung bei denkbar geringem Prüfaufwand die gleiche Information, die man sonst nur durch mehrere Kontrollkarten mit Aufzeichnung und Rechnung oder, wie man auch sagt, durch abgeleitete Kontrollkarten erhalten könnte.

Stichprobenkarten mit Iterations- und Extremwertgrenzen zur gleichzeitigen Mittelwerts- und Streuungsanalyse sind nach Prüfschärfe und Analysengehalt etwa gleichwertig der Kombination von zwei Kontrollkarten, nämlich der Medianwert- und der Spannweitenkarte. Welche verschiedenen Effekte bei einer solchen Karte auftreten können, und wie die verschiedenen Stichprobenbilder zu deuten sind, zeigt Abbildung 13[18].

o) Der erste Fall ist der Fall der Nullhypothese, der Normalfall. Alle n Werte befinden sich innerhalb der Extremwertgrenzen und etwa symmetrisch um den Sollwert und die beiden Iterationsgrenzen verteilt. Es liegt kein Anzeichen vor, daß eine Mittelwerts- oder Streuungsänderung aufgetreten ist.

a) Alle n Werte liegen oberhalb der oberen Iterationsgrenze, aber kein Wert überschreitet die obere Extremwertgrenze. Es ist zu schließen, daß

---

18. s. K. BRÜCKER-STEINKUHL, a.a.O., Abb. 6

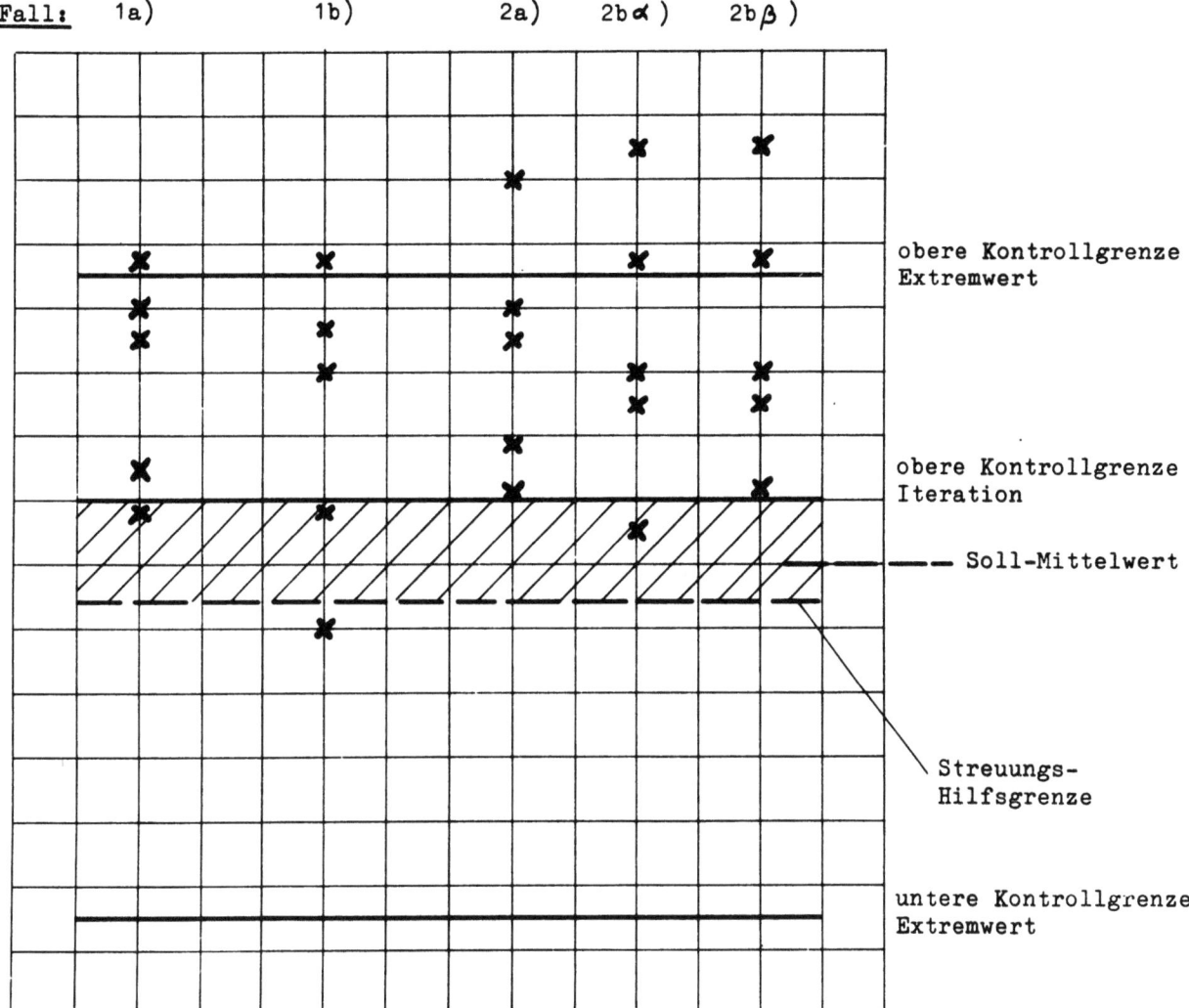

Abbildung 13
Stichprobenkarte zur Mittelwerts- und Streuungsanalyse

eine Mittelwerts-, aber keine Streuungsänderung aufgetreten ist. Diese Mittelwertsänderung ist nicht so groß, daß einer der Werte die Extremwertgrenze überschreitet, aber so groß, daß die empfindlichere Iterationsgrenze eine Änderung durch Verlagerung aller n Werte registriert.

b) Wenigstens ein Wert liegt oberhalb der oberen Extremwertgrenze, nicht alle n Werte liegen oberhalb der oberen Iterationsgrenze oder, mit anderen Worten, wenigstens ein Wert liegt unterhalb der oberen Iterationsgrenze.

Die Überschreitung der Extremwertgrenze kann einer Mittelwerts- oder Streuungsänderung entsprechen. Da die allein auf Mittelwertsänderung ansprechende Iterationsgrenze keine Änderung registriert, scheidet die Mittelwertsänderung als mögliche Ursache der Verlagerung aus, und die Deutung des Bildes ist: Streuungsänderung.

c) Wenigstens ein Wert liegt oberhalb der oberen Extremwertgrenze, und alle n Werte überschreiten die obere Iterationsgrenze. Auf alle Fälle liegt eine große Mittelwertsverschiebung vor, da sowohl die Extremwert- als auch die Iterationsgrenze eine Änderung registriert. Allerdings kann aus dem Befund nicht entnommen werden, ob gleichzeitig mit der Mittelwertsänderung eine Streuungsänderung aufgetreten ist oder nicht.

2. Vergleich von Streuungsgrößen

Der letzte Hinweis verdient besonderes Interesse; er weist auf ein Problem hin, das auch bei anderen Kontrollkarten eine mehr oder weniger große Rolle spielt, das aber erst bei Stichprobenkarten mit Kontrolle von zwei Kennzeichen deutlich hervortritt: dies ist die Fabrikationskontrolle bei gleichzeitiger Änderung von Mittelwert und Streuung. Vor der theoretischen Behandlung des Problems sollen einige Streuungsgrößen miteinander verglichen werden, die teils bekannt sind, teils aus den Stichprobenkarten entnommen werden können.

Nach Abbildung 13, Fall b) kann unter extremen Bedingungen auf Streuungsänderung geschlossen werden, wenn gerade einer unter den n Meßwerten oberhalb der oberen Extremwertgrenze und gerade ein anderer unter den n Meßwerten unterhalb der oberen Iterationsgrenze liegt. Der Abstand der beiden oberen Kontrollgrenzen ist also kennzeichnend für eine in Extremfällen auftretende und durch die Stichprobenkarte eben noch registrierbare Streuungsänderung. Wenn der Kontrollgrenzfaktor der Extremwertkarte mit A' und der der Iterationskarte mit A bezeichnet wird[19], so ist dieser Abstand gleich $(A' - A) \cdot \sigma$ und in normierter Form, wenn $\sigma = 1$ gesetzt wird, gleich $(A' - A)$. Dieser Wert kann beispielsweise verglichen werden mit der mittleren Spannweite von Stichproben oder mit dem Grenzmaß der Spannweite von Stichproben, wie sie aus der Spannweitenkarte entnommen werden können. Die mittlere Spannweite ist bekanntlich gegeben durch $\bar{R} = d_2 \cdot \sigma$ und für $\sigma = 1$ durch $(\bar{R})_{\sigma=1} = d_2$; und das obere Grenzmaß der Spannweite ist be-

---
19. s. K. BRÜCKER-STEINKUHL, a.a.O., Formel (9)

kanntlich gleich $D_{wo} \cdot \bar{R} = D_{wo} \cdot d_2 \cdot \sigma$ und für $\sigma = 1$ gleich $(D_{wo} \cdot \bar{R})_{\sigma=1} = D_{wo} \cdot d_2 \cdot$ (D_{wo} - oberer Kontrollgrenzfaktor der Spannweitenkarte für eine statistische Sicherheit von 95 %.) Eine Stichprobe von n Werten wird außerdem durch die beiden Kontrollgrenzen der Extremwertkarte eingegrenzt, so daß der Abstand der Extremwertgrenzen ein äußerstes Grenzmaß der Streubreite einer Stichprobe darstellt.

Die vier zu vergleichenden Streuungsgrößen in normierter Form, für $\sigma = 1$, sind hiernach:

d_2 - mittlere Spannweite

$(A' - A)$ - Abstand von Extremwert- und Iterationsgrenze

$D_{wo} \cdot d_2$ - Grenzmaß der Spannweite

$2 A'$ - Abstand der Extremwertgrenzen

Zahlenwerte dieser Größen sind in Tabelle 7 für verschiedene n und für eine statistische Sicherheit S = 95 % angegeben.

Tabelle 7

n	1	2	3	4	5	6	7	8	9	10
d_2	-	1,13	1,69	2,06	2,33	2,53	2,70	2,85	2,97	3,08
$(A' - A)$	-	1,24	1,84	2,23	2,52	2,73	2,92	3,06	3,19	3,29
D_{wo}	-	2,81	2,17	1,93	1,81	1,72	1,66	1,62	1,58	1,56
$D_{wo} \cdot d_2$	-	3,18	3,66	3,98	4,21	4,35	4,48	4,61	4,69	4,80
$2 A'$	-	4,48	4,78	4,98	5,14	5,26	5,38	5,46	5,54	5,58

Man sieht, daß unabhängig vom Stichprobenumfang die Beziehung gilt

(17) $\qquad d_2 \lessapprox (A'-A) < D_{wo} \cdot d_2 < 2A'$

Man kann nach diesem Vergleich feststellen, daß der Abstand der Extremwert- und Iterationsgrenze näherungsweise gleich der mittleren Spannweite und daß der Abstand der Extremwertgrenzen noch größer ist als das Grenzmaß der Spannweite. Die letzte Größenbeziehung ($2A' > D_{wo} \cdot d_2$) erscheint plausibel, da eine kritische Streuung einerseits das Grenzmaß der Spannweite überschreiten muß und andererseits zu einseitiger Überschreitung der Extremwertgrenzen führen kann; sie müßte jedoch meist zu zweiseitiger Überschreitung führen, wenn $2A' \approx D_{wo} \cdot d_2$ wäre. Die erste Größenbeziehung $(A' - A) \approx d_2$ zeigt, daß bei Überschreitung der oberen Extremwertgrenze infolge Streuungsänderung der kleinste Stichprobenwert im allgemeinen noch weit unterhalb der oberen Iterationsgrenze liegen muß. Dies ändert sich offenbar und führt zu ohne weiteres nicht übersehbaren Verhältnissen dann, wenn alle Stichprobenwerte infolge Mittelwertsänderung nach oben verschoben sind. Der Vergleich der Größen nach Tabelle 7 weist hiernach ebenfalls auf die Bedeutung der gleichzeitigen Mittelwerts- und Streuungsänderung hin.

3. Prüfschärfe bei gleichzeitiger Mittelwerts- und Streuungsänderung

Eine geeignete Größe zur Abschätzung des Einflusses gleichzeitiger Mittelwerts- und Streuungsänderung ist wie im Falle getrennter Mittelwerts- oder Streuungsänderung die sogenannte Prüfschärfe; sie ist gleichbedeutend mit der Wahrscheinlichkeit dafür, eine gleichzeitige Mittelwerts- und Streuungsänderung zu entdecken oder bei der Stichprobenentnahme angezeigt zu erhalten. Sie wird analog der Prüfschärfe bei getrennter Änderung berechnet. Es wird gesetzt

$$(18) \qquad \Phi(\lambda) = \int_{-\infty}^{\lambda} \varphi(\lambda)\, d\lambda = \frac{1}{\sqrt{2\pi}} \cdot \int_{-\infty}^{\lambda} e^{-\frac{\lambda^2}{2}} d\lambda$$

und die Kontrollgrenzfaktoren der Kontroll- und Stichprobenkarten werden in bekannter Weise berechnet. Die Wahrscheinlichkeit, daß ein Wert innerhalb der Grenzen λ_1 und λ_2 angetroffen wird, wird bezeichnet mit

$$(19) \qquad p = \Phi(\lambda_1) - \Phi(-\lambda_2)$$

und die Wahrscheinlichkeit, daß ein Wert oberhalb der Grenze λ_1 oder aber unterhalb der Grenze λ_2 liegt, wird bezeichnet mit

$$(20) \qquad q_1 = 1 - \Phi(\lambda_1) \qquad q_2 = \Phi(-\lambda_2)$$

Die Kontrollgrenzen werden mit

$$(21) \qquad \begin{aligned} \lambda_1 &= \frac{g_1 - \mu_0}{\sigma} = A \text{ bzw. } A' \\ \lambda_2 &= \frac{\mu_0 - g_2}{\sigma} = A \text{ bzw. } A' \end{aligned}$$

für die verschiedenen Kontroll- und Stichprobenkarten nach (22) festgelegt; für die Mittelwert- und Medianwertkarte ist hierbei in (21) σ durch $\sigma/\sqrt{n}$ und $\sigma/\sqrt{\frac{2n}{\pi}}$ zu ersetzen.

a) Einzelwertkarte, Mittelwertkarte, Medianwertkarte[20]

$$\alpha = q_1 + q_2 = 1 - \Phi(A) + \Phi(-A)$$
$$\frac{\alpha}{2} = q_1 = q_2 = 1 - \Phi(A)$$

b) Iterationskarte

(22)
$$\alpha = q_1^n + q_2^n = \{1 - \Phi(A)\}^n + \{\Phi(-A)\}^n$$
$$\frac{\alpha}{2} = q_1^n = q_2^n = \{1 - \Phi(A)\}^n$$

c) Extremwertkarte[21]

$$\alpha = 1 - p^n = 1 - \{\Phi(A') - \Phi(-A')\}^n$$
$$= 1 - \{2 \cdot \Phi(A') - 1\}^n$$

α ist die Wahrscheinlichkeit dafür, daß

a) 1 Wert oberhalb λ_1 oder unterhalb λ_2 liegt,
b) n Werte entweder oberhalb λ_1 oder unterhalb λ_2 liegen,
c) wenigstens 1 Wert unter n Werten oberhalb λ_1 oder unterhalb λ_2 liegt.

α ist also die Wahrscheinlichkeit dafür, daß die Hypothese $H_o : \mu = \mu_0$, nämlich daß der Mittelwert auf dem Sollwert liegt, zurückgewiesen wird, obwohl sie zutrifft; α ist das Rückweisungsrisiko. Nach Bestimmung von A bzw. A' werden die Kontrollgrenzen mit (21) nach (23) festgelegt

(23)
$$g_1 = \mu_0 + A \cdot \sigma \quad \text{bzw.} \quad g_1 = \mu_0 + A' \cdot \sigma$$
$$g_2 = \mu_0 - A \cdot \sigma \quad \text{bzw.} \quad g_2 = \mu_0 - A' \cdot \sigma$$

Für Mittelwert und Medianwert ist hierbei wieder σ durch $\sigma/\sqrt{n}$ und $\sigma/\sqrt{\frac{2n}{\pi}}$ zu ersetzen, und bezieht man auch in diesen Fällen alles auf die Standardabweichung der Einzelwerte σ, so schreibt man

---

20. Die Ausdrücke für Medianwertkarte in Formel (22), (28), (43) gelten angenähert für größeres n

21. zu (22) und (29) - Extremwertkarte - s. U. GRAF und R. WARTMANN, a.a.O., Formel (7), (8), (11)

Forschungsberichte des Wirtschafts- und Verkehrsministeriums Nordrhein-Westfalen

Mittelwert:
$$g_1 = \mu_0 + \left(\frac{A}{\sqrt{n}}\right)\cdot\sigma \;\Big|\; g_2 = \mu_0 - \left(\frac{A}{\sqrt{n}}\right)\cdot\sigma$$

(24)

Medianwert:
$$g_1 = \mu_0 + \left(\frac{A}{\sqrt{\frac{2n}{\pi}}}\right)\cdot\sigma \;\Big|\; g_2 = \mu_0 - \left(\frac{A}{\sqrt{\frac{2n}{\pi}}}\right)\cdot\sigma$$

faßt also A und $\sqrt{n}$ bzw. $\sqrt{\frac{2n}{\pi}}$ zu einem Quotienten zusammen.

Wenn nunmehr die Mittelwertsverschiebung gekennzeichnet wird durch

(25)
$$\mu = \mu_v = \mu_0 + k\cdot\sigma_0 \neq \mu_0$$

und die Streuungsänderung durch

(26)
$$\sigma = \sigma_v = j\cdot\sigma_0 \neq \sigma_0$$

so werden die Integralgrenzen bei gleichzeitiger Mittelwerts- und Streuungsänderung mit (21) festgelegt durch

(27)
$$\lambda_1 = \frac{g_1 - \mu_0 - k\cdot\sigma_0}{j\cdot\sigma_0} = \frac{A-k}{j} \text{ bzw. } \frac{A'-k}{j}$$

$$\lambda_2 = \frac{\mu_0 + k\cdot\sigma_0 - g_2}{j\cdot\sigma_0} = \frac{A+k}{j} \text{ bzw. } \frac{A'+k}{j}$$

Die Prüfschärfe ist gleich der Wahrscheinlichkeit dafür, daß die Hypothese H_0 : $\mu = \mu_0, \sigma = \sigma_0$ zurückgewiesen wird, wenn H_0 nicht zutrifft, wenn vielmehr die Hypothese H_1 nach (25) und (26) gültig ist: $\mu = \mu_v$, $\sigma = \sigma_v$. Sie wird bezeichnet mit $(1 - W_A)$ und ergibt sich rechnerisch nach (28), wenn man in (22) die Werte (21) durch analoge Werte (27) ersetzt; hierbei bedeutet W_A die Wahrscheinlichkeit für die Annahme, demgemäß $(1 - W_A)$ die Wahrscheinlichkeit für die Rückweisung der Hypothese H_0.

Einzelwertkarte

(28)
$$1 - W_A = 1 - \left\{\Phi\left(\frac{A-k}{j}\right) - \Phi\left(\frac{-A-k}{j}\right)\right\}$$

Mittelwertkarte

$$1 - W_A = 1 - \left\{\Phi\left(\frac{A-k\cdot\sqrt{n}}{j}\right) - \Phi\left(\frac{-A-k\sqrt{n}}{j}\right)\right\}$$

Medianwertkarte

$$1 - W_A = 1 - \left\{ \phi\left(\frac{A - k \cdot \sqrt{\frac{\pi n}{2}}}{j}\right) - \phi\left(\frac{-A - k \cdot \sqrt{\frac{\pi n}{2}}}{j}\right) \right\}$$

Iterationskarte

(28)
$$1 - W_A = \left\{ 1 - \phi\left(\frac{A - k}{j}\right) \right\}^n + \left\{ \phi\left(\frac{-A - k}{j}\right) \right\}^n$$

Extremwertkarte

$$1 - W_A = 1 - \left\{ \phi\left(\frac{A' - k}{j}\right) - \phi\left(\frac{-A' - k}{j}\right) \right\}^n$$

Man erhält aus (28) für $\sigma_v = \sigma_o$ bzw. $j = 1$ die bekannten, allein für Mittelwertsverschiebung geltenden Formeln[22], und andererseits für $\mu_v = \mu_o$ bzw. $k = 0$ die allein für Streuungsänderung geltenden Formeln. In einer Darstellung, in der $(1 - W_A)$ in Abhängigkeit von k für verschiedene j aufgetragen ist, ergeben sich mit $k = 0$ die für bestimmte j geltenden Rückweisungsrisiken α_j. Insbesondere erhält man für Iteration und Extremwert

Iterationskarte

$$\alpha_j = \left\{ 1 - \phi\left(\frac{A}{j}\right) \right\}^n + \left\{ \phi\left(\frac{-A}{j}\right) \right\}^n$$

(29)
$$= 2 \cdot \left\{ 1 - \phi\left(\frac{A}{j}\right) \right\}^n$$

Extremwertkarte
$$\alpha_j = 1 - \left\{ \phi\left(\frac{A'}{j}\right) - \phi\left(\frac{-A'}{j}\right) \right\}^n$$

$$= 1 - \left\{ 2\phi\left(\frac{A'}{j}\right) - 1 \right\}^n$$

Nach (28) sind die Prüfschärfen für die Mittelwert-, Medianwert-, Iterations- und Extremwertkarte berechnet und in den Abbildungen 14 und 15 dargestellt worden. Hierbei ist $n = 5$ und die statistische Sicherheit $S = 99\ \%$; unabhängige Veränderliche der Darstellung ist die Mittelwertsverschiebung k, Parameter der Kurvenscharen ist die Streuungsänderung j. Für jede Karte sind 3 Kurven angegeben, nämlich für $j = 1$, $1,25$ und $1,5$. Abbildung 14 bezieht sich auf die Mittelwertkarte (ausgezogene Kurven)

---

22. FB 288, Formel (28)

und Medianwertkarte (gestrichelte Kurven); Abbildung 15 bezieht sich auf die Iterationskarte (ausgezogene Kurven) und Extremwertkarte (gestrichelte Kurven).

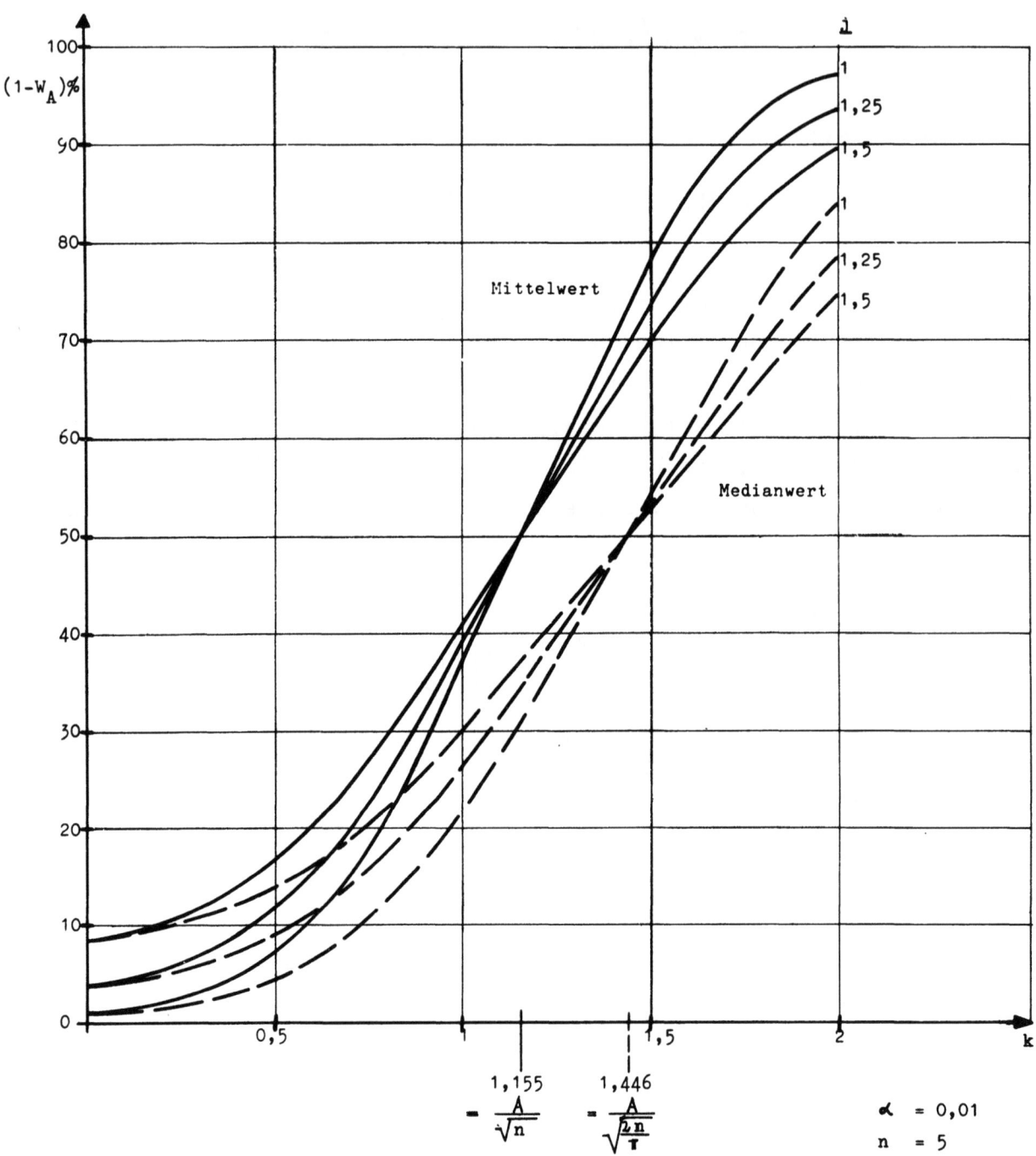

Abbildung 14

Prüfschärfe in Abhängigkeit von der Mittelwertsverschiebung für verschiedene Streuungsänderungen (Mittelwert- und Medianwertkarte)

Abbildung 14: Für $A - k \cdot \sqrt{n} = 0$ bzw. $A - k \cdot \sqrt{\frac{2n}{\pi}} = 0$ haben die Ausdrücke $\Phi\left(\frac{A - k \cdot \sqrt{n}}{j}\right)$ bzw. $\Phi\left(\frac{A - k \cdot \sqrt{\frac{2n}{\pi}}}{j}\right)$ in (28) den Wert 0,5. Da die Ausdrücke

$$\Phi\left(\frac{-A - k \cdot \sqrt{n}}{j}\right) \quad \text{bzw.} \quad \Phi\left(\frac{-A - k \cdot \sqrt{\frac{2n}{\pi}}}{j}\right)$$

hierfür vernachlässigbar klein sind, ist in diesem Falle unabhängig von j $(1 - W_A) \approx 0,5$. Alle 3 Kurven schneiden sich daher im gleichen Punkt $(1 - W_A) = 0,5$ und $k' = \frac{A}{\sqrt{n}}$ bzw. $k'' = \frac{A}{\sqrt{\frac{2n}{\pi}}}$.

Kurven mit $j > 1$ liegen über oder unter der Kurve mit $j = 1$ für $k < k'$ bzw. $k < k''$ oder $k > k'$ bzw. $k > k''$; sie erscheinen also um den Punkt $(1 - W_A) = 0,5$, $k = k'$ bzw. $k = k''$ gedreht. Die Medianwertkurven sind wegen der größeren Standardabweichung des Medianwerts stärker gegeneinander gedreht als die Mittelwertkurven. Entsprechend der Drehung unterscheiden sich die Rückweisungsrisiken α_j (für $k = 0$) beträchtlich voneinander.

Abbildung 15: Iteration und Extremwert verhalten sich nach Abbildung 15 im ganzen Verlauf der Prüfschärfekurven völlig verschieden. Die gemäß (29) berechneten Rückweisungsrisiken α_j sind in Tabelle 8 zusammengestellt.

Tabelle 8

Rückweisungsrisiko α_j (für $k = 0$) in %

j	1	1,25	1,5
Iteration	1	1,55	1,98
Extremwert	1	6,6	18,2

Nach Tabelle 8 wachsen die Rückweisungsrisiken sowohl für Iteration als auch für Extremwert mit wachsendem j an. Die Unterschiede der Rückweisungsrisiken bei verschiedenem j sind jedoch klein für Iteration und groß für Extremwert.

Forschungsberichte des Wirtschafts- und Verkehrsministeriums Nordrhein-Westfalen

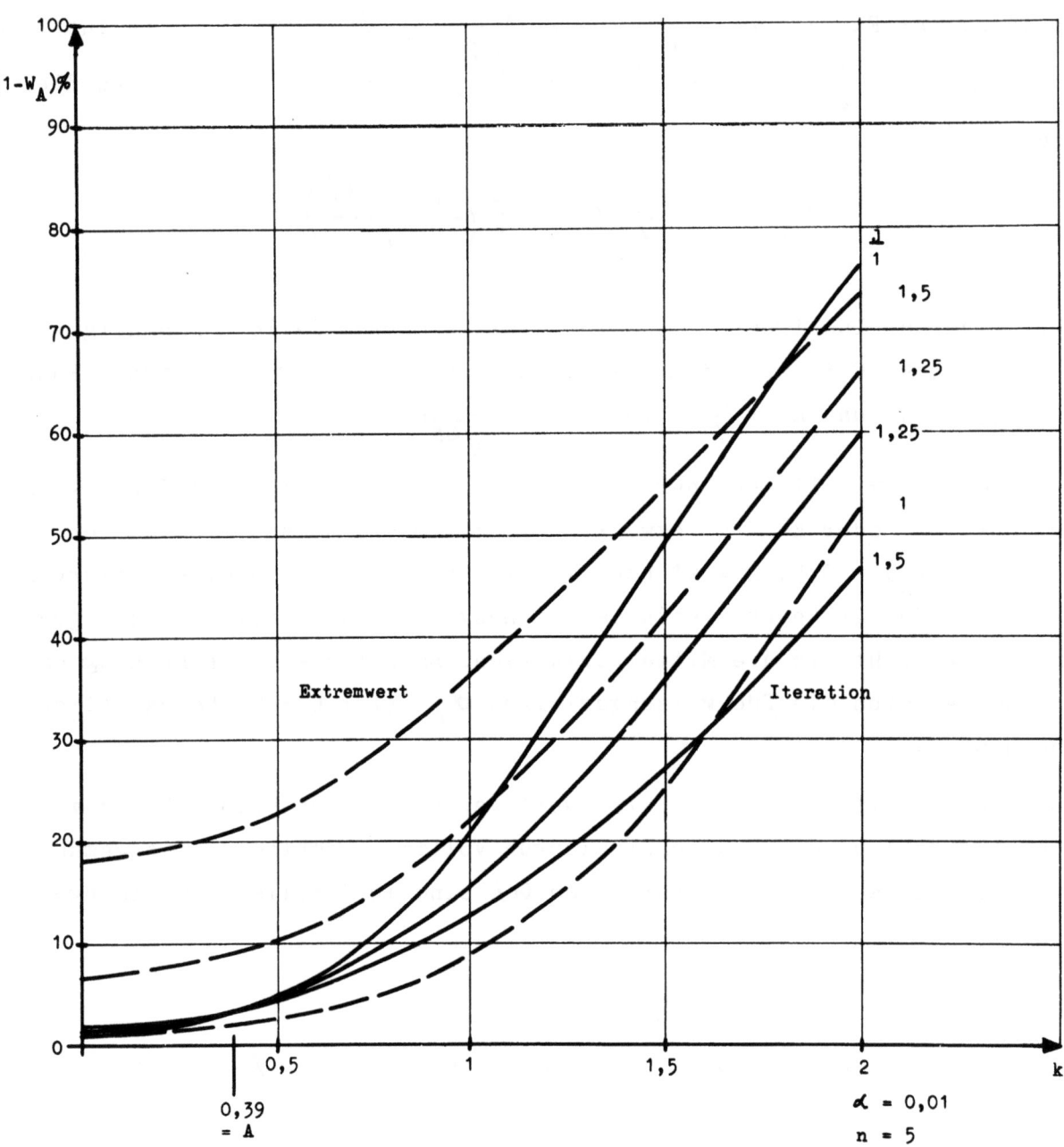

Abbildung 15

Prüfschärfe in Abhängigkeit von der Mittelwertsverschiebung für verschiedene Streuungsänderungen (Iterations- und Extremwertkarte)

Iteration: Für $k''' = A$ ist nach (28) $1 - W_A = (\frac{1}{2})^n + \left\{1 - \Phi(\frac{2A}{j})\right\}^n$; für nicht zu kleine statistische Sicherheit (positives A) ist grob angenähert $1 - W_A \approx (\frac{1}{2})^n$. Die 3 Iterationskurven schneiden sich für positives A angenähert im Punkt $1 - W_A = (\frac{1}{2})^n$ und $k''' = A$; die Koordinaten dieses Punktes sind klein.

Extremwert: Für $k^{IV} = A'$ ist nach (28) $1 - W_A \approx 1 - (\frac{1}{2})^n$, da $\Phi(\frac{-2A'}{j})$ vernachlässigbar klein ist. Die 3 Extremwertkurven schneiden sich im Punkt $1 - W_A = 1 - (\frac{1}{2})^n$, $k^{IV} = A'$; die Koordinaten dieses Punktes sind groß.

Bei größeren Werten von k liegt die Iterations-Prüfschärfe von j = 1,5 beträchtlich unter der von j = 1,25 und diese wieder unter der von j = 1. Dagegen findet im dargestellten k-Bereich keine Überschneidung der Prüfschärfekurven des Extremwerts statt; die Prüfschärfe von j = 1,5 liegt über der von j = 1,25 und diese wieder über der von j = 1. Die Prüfschärfekurven der Iteration erscheinen also für größeres j um einen nahe bei k = 0 liegenden Drehpunkt nach unten gedreht und die des Extremwerts für größeres j und für $k \leqq 2$ angenähert parallel nach oben verschoben. Daher gibt es Werte von j, für die die Prüfschärfekurven von Iteration und Extremwert angenähert zusammenfallen oder in geringem Abstand parallel zueinander verlaufen (s. z.B. Kurven für j = 1,25).

Die Deutung der Ergebnisse berücksichtigt zweckmäßig die Häufigkeitsverteilungen und deren Änderungen, die auch den Prüfschärfedarstellungen von Abbildung 14 und 15 zugrunde liegen.

a) Mittelwert

Die betrachtete Häufigkeitsverteilung ist eine symmetrische Normalverteilung, deren Ausdehnung oder Breite natürlich umso größer ist, je größer die Standardabweichung σ ist. Bei festgehaltenen Kontrollgrenzen ist daher der Anteil der außerhalb der Kontrollgrenzen liegenden Häufigkeitsverteilung oder das Rückweisungsrisiko α_j umso größer, je größer σ bzw. je größer j ist. Die Prüfschärfekurven beginnen dementsprechend in Normallage des Mittelwerts ($\mu = \mu_0$, k = 0) mit verschieden großen Werten $1 - W_A = \alpha_j$. Bei Verschiebung des Mittelwerts der Häufigkeitsverteilung wachsen die Anteile der Häufigkeitsverteilung außerhalb der Kontrollgrenzen oder die Prüfschärfen an. Fällt der verschobene Mittelwert genau auf eine der festgehaltenen Kontrollgrenzen, so liegt die Hälfte der Normalverteilung außerhalb dieser Kontrollgrenze - der außerhalb der anderen Kontrollgrenze liegende Anteil kann hierbei vernachlässigt werden -, und zwar unabhängig davon, wie groß die Streuung ist. Daher schneiden sich alle Prüfschärfekurven im gleichen Punkt $1-W_A=0,5$, k=k', wobei die Kontrollgrenze festgelegt ist durch k=k'. Bei weiterer Mittelwertsverschiebung werden die noch innerhalb der Kontrollgrenze verbleibenden Anteile umso größer sein, je größer die Streuung der Verteilung ist. Während also unterhalb des gemeinsamen Schnittpunktes erhöhte Streuung zur Vergrößerung der Prüfschärfe führt, führt sie umgekehrt oberhalb des gemeinsamen Schnittpunktes zur Verkleinerung der Prüfschärfe. Die Kurven sind daher mit größerem j im Uhrzeigersinn um den gemeinsamen Schnittpunkt gedreht.

b) Medianwert

Hierbei ist zu berücksichtigen, daß die Standardabweichung des Medianwerts um etwa 25 % größer ist als die des Mittelwerts. Im übrigen liegen die Verhältnisse genau wie im Falle des Mittelwerts. Die Prüfschärfekurven für verschiedenes j sind um einen gemeinsamen Schnittpunkt gedreht, und zwar wegen der höheren Streuung in stärkerem Maße als die Prüfschärfekurven des Mittelwerts. Der Schnittpunkt ist gegeben durch $1 - W_A = 0,5$, $k = k''$, wobei die Kontrollgrenze festgelegt ist durch $k = k''$.

c) Iteration

Die Wahrscheinlichkeit, daß ein Stichprobenwert in den Bereich außerhalb der Kontrollgrenze fällt, hängt im Falle des Mittelwerts erheblich von der Streuung ab. Dagegen wird die Wahrscheinlichkeit, daß mehrere, n aufeinander folgende Stichprobenwerte in den Bereich außerhalb der Iterationsgrenze fallen, nur in schwachem Maße durch die Streuung beeinflußt. Beispielsweise steigt die Prüfschärfe für $S = 95\%$, $n = 5$ und $j = 2$ nur von 5 auf 5,5 % an. Zwar sind auch in diesem Falle die Rückweisungsrisiken α_j für $k = 0$ umso größer, je größer σ und j sind. Diese Unterschiede sind jedoch unerheblich, und zwar deswegen, weil die Überschneidungspunkte der Kurven weit nach links zu kleineren Werten von k verschoben sind. Der Einfluß der Potenzbildung bei der Iteration äußert sich also derart, daß der den verschiedenen Kurven nahezu gemeinsame Prüfschärfenwert sehr viel kleiner als 0,5 ist und daß bereits bei kleinen Mittelwertsverschiebungen ein hinsichtlich Streuung angenähert neutraler Punkt erreicht wird. Dieser Schnittpunkt hat ungefähr die gleiche Abszisse wie die Kontrollgrenze der Iterationskarte, die Iterationsgrenze. Die Lage des Schnittpunkts und der Einfluß der Streuung kann daher nach der Lage der Iterationsgrenze bzw. der Größe des Kontrollgrenzfaktors gut beurteilt werden; er kann aus Tabelle 1 der unten zitierten Arbeit[23] entnommen werden.

---
23. K. BRÜCKER-STEINKUHL, a.a.O.

Die Verhältnisse oberhalb des tiefliegenden Überschneidungspunktes können in folgender Weise gekennzeichnet werden: Bei unverschobenem Mittelwert liegt ein großer Teil, meist nahezu die Hälfte der Häufigkeitsverteilung oberhalb der Iterationsgrenze. Wenn der Mittelwert der Häufigkeitsverteilung die Iterationsgrenze nach oben überschreitet, so werden Vergrößerungen der Streuung mit Vergrößerung der Wahrscheinlichkeit dafür verbunden sein, daß Einzelwerte der Verteilung unterhalb der Iterationsgrenze auftreten, demnach auch dafür, daß nicht alle n Werte oberhalb der Iterationsgrenze auftreten. Hiernach wird die Wahrscheinlichkeit dafür, daß eine Iteration oberhalb der Iterationsgrenze auftritt, verringert sein, d.h. die Prüfschärfe wird absinken. Streuungsänderung und Mittelwertsänderung wirken demnach in gewisser Weise einander entgegen; man wird bei Streuungszunahme eine größere Mittelwertsverschiebung vorgeben müssen, um die gleiche Anzeigewahrscheinlichkeit zu erhalten.

d) Extremwert

Wie oben ausgeführt wurde, können Extremwertkarte und Iterationskarte gemeinsam auf der Grundlage der Theorie der Iterationen entwickelt und beurteilt werden. Eine Prüfung nach Extremwerten stellt hinsichtlich der Kontrollgrenze eine Umkehrung der Prüfung nach Iterationen dar. Diese Beziehungen äußern sich in der Darstellung Abbildung 15 in der Weise, daß der Überschneidungspunkt der Prüfschärfekurven nicht bei kleinen, sondern bei großen Werten der Mittelwertsverschiebung k liegt. In dem praktisch meist interessierenden Bereich $k \leqq 2$ verlaufen die Prüfschärfekurven daher angenähert parallel zueinander und zwar so, daß höheren Werten von j höherliegende Kurven entsprechen. Der Überschneidungspunkt hat die gleiche Abszisse wie die Kontrollgrenze der Extremwertkarte, die Extremwertgrenze; er liegt noch oberhalb der Kontrollgrenze der Einzelwertkarte. Der Kontrollgrenzfaktor der Extremwertkarte kann aus Tabelle 2 der unten zitierten Arbeit[24] entnommen werden.

Die Verhältnisse unterhalb des hochliegenden Schnittpunkts können wie folgt gekennzeichnet werden: Die Extremwertgrenze wird durch den Mittelwert der Häufigkeitsverteilung erst bei großen Verschiebungen erreicht. Bei mittleren Verschiebungen werden Vergrößerungen der Streuung mit Vergrößerung der Wahrscheinlichkeit dafür verbunden sein, daß Einzelwerte der

---

24. U. GRAF und R. WARTMANN, a.a.O.

Verteilung oberhalb der Extremwertgrenze auftreten, demgemäß auch dafür, daß wenigstens einer unter n Werten oberhalb der Extremwertgrenze auftritt. Streuungsänderung und Mittelwertsänderung wirken demnach in gewisser Weise zusammen; ihr Richtungssinn ist gleich; man benötigt bei Streuungszunahme eine kleinere Mittelwertsverschiebung, um die gleiche Anzeigewahrscheinlichkeit zu erhalten.

<u>Zusammenfassend</u> läßt sich sagen: Es ist zu unterscheiden zwischen nichtgleichzeitigen und gleichzeitigen Änderungen des Mittelwerts und der Streuung.

α) Nicht-gleichzeitige Änderungen - Mittelwertsänderung oder Streuungsänderung.
Die Extremwertkarte spricht sowohl auf Mittelwerts- als auf Streuungsänderung an, sie ist zweideutig. Die Mittelwert- und Medianwertkarte sprechen in geringerem Maße auf Streuungs- als auf Mittelwertsänderung an; und die Iterationskarte spricht praktisch nur auf Mittelwertsänderung an, sie ist eindeutig.

β) Gleichzeitige Änderungen - Mittelwertsänderung und Streuungsänderung.
Eine Streuungsänderung ist gleichbedeutend mit einer Verengung oder Aufweitung der Häufigkeitsverteilung und eine Mittelwertsänderung mit einer Verschiebung der Häufigkeitsverteilung. Tritt gleichzeitig mit der Streuungsänderung eine Mittelwertsänderung ein, so werden die außerhalb der Kontrollgrenzen liegenden Anteile der Häufigkeitsverteilung variieren, wenn man die betreffenden Anteile mit den Anteilen für getrennte Mittelwerts- oder Streuungsänderung allein vergleicht, und zwar in allen Fällen und bei allen Kontroll- und Stichprobenkarten. Die Variation wird je nach Karte verschieden sein. Entscheidendes Kriterium ist die Lage der Kontrollgrenzen, bezogen auf den unverschobenen Mittelwert. Die Abstände der Kontrollgrenzen der Mittelwert- und Medianwertkarte vom Soll-Mittelwert entsprechen mittleren Verschiebungen; dagegen entsprechen die Abstände der Kontrollgrenzen der Iterations- und Extremwertkarte vom Soll-Mittelwert wegen der Potenzbildung entweder extrem niedrigen oder extrem hohen Verschiebungen. Jede Kontrollkarte wird bei gleichzeitiger Mittelwerts- und Streuungsänderung statt durch eine Prüfschärfekurve durch eine Schar von Prüfschärfekurven charakterisiert; Parameter der Kurven ist die Streuungsänderung. Alle Kurven einer Karte treffen sich angenähert in einem gemeinsamen Schnittpunkt, der der Kontrollgrenze entspricht. In dem praktisch

interessierenden Bereich mittlerer Verschiebungen liegen die Kurven zunehmender Streuung übereinander bei der Extremwertkarte, über- oder untereinander bei der Mittelwert- und Medianwertkarte und untereinander bei der Iterationskarte. Mittelwerts- und Streuungsänderung wirken daher gleichsinnig bei der Extremwertkarte, gleich- und gegensinnig bei der Mittelwert- und Medianwertkarte und gegensinnig bei der Iterationskarte.

4. Stichprobenkarte zur Mittelwerts- und Streuungsanalyse bei gleichzeitiger Mittelwerts- und Streuungsänderung

Wie oben ausgeführt, bietet eine Stichprobenkarte, die sowohl Extremwert- als auch Iterationsgrenzen enthält, die Möglichkeit zur Mittelwerts- und Streuungsanalyse. Es wurde bereits dargelegt (s. S. 48), wie die verschiedenen Bilder der Stichprobenverteilung entweder bei Mittelwerts- oder Streuungsänderung auszudeuten sind. Im folgenden sollen die zusätzlichen Erscheinungen gleichzeitiger Mittelwerts- und Streuungsänderung, die in einer solchen Karte auftreten können, diskutiert werden.

Nach (17) ist der Abstand der Kontrollgrenzen (A'-A) angenähert gleich der mittleren Spannweite d_2. Bei alleiniger geringer Streuungsänderung wird die Stichprobe selten so gelagert sein, daß gerade ein Wert unterhalb A und ein Wert oberhalb A' liegt mit der Folge einer Fehlanzeige. Fehler bei geringer Mittelwerts- und Streuungsänderung werden jedoch grundsätzlich vermieden, wenn man sich im Abstand $D_{wo} \cdot d_2$ von A' eine weitere Grenze eingezeichnet denkt; eine solche Grenze sei als Streuungs-Hilfsgrenze bezeichnet. Der Bereich zwischen Iterationsgrenze und Streuungs-Hilfsgrenze ist in Abbildung 16 schraffiert. Wenn der größte Wert der Stichprobe gerade die obere Extremwertgrenze nach oben überschreitet und der kleinste Wert der Stichprobe zwar die obere Iterationsgrenze nach unten überschreitet, aber noch in den schraffierten Bereich fällt, so bedeutet dies: Die Spannweite der Stichprobe ist zwar größer als der Abstand der Extremwert- und Iterationsgrenze (A' - A), aber noch nicht so groß wie das kritische Grenzmaß der Spannweite ($D_{wo} \cdot d_2$) entsprechend dem Abstand der Extremwert- und Streuungs-Hilfsgrenze. Demnach ist noch keine kritische Streuungsänderung eingetreten.

Mit und ohne Streuungs-Hilfsgrenze können nun bei gleichzeitiger Mittelwerts- und Streuungsänderung folgende Fälle und Bilder der Stichprobenverteilung unterschieden werden:

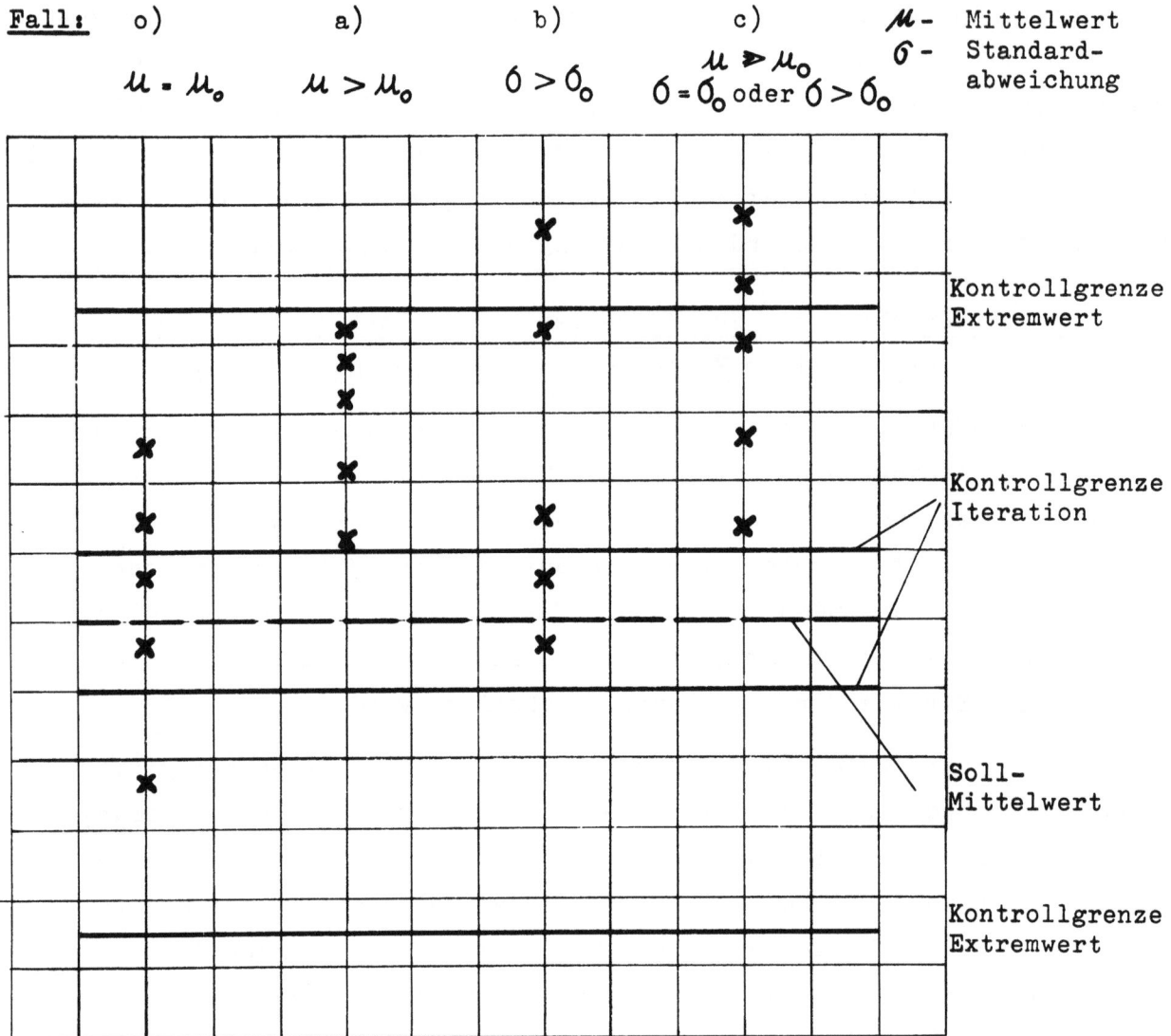

Abbildung 16

Stichprobenkarte zur Mittelwerts- und Streuungsanalyse

mit Streuungs-Hilfsgrenze

(Untere Kontrollgrenze Iteration ist nicht eingetragen)

1) Kleine Mittelwertsverschiebung
   a) Kleine Streuungsänderung (k = 1, j = 1,25)[25]
   Größtwert überschreitet gerade Extremwertgrenze, Kleinstwert liegt gerade unterhalb Iterationsgrenze im schraffierten Bereich.

---

25. Die Zahlenwerte von k und j weisen auf die entsprechenden Prüfschärfekurven für Iteration und Extremwert in Abbildung 15 hin

Anzeige: O.H.[26] - Streuungsänderung
M.H. - Keine Streuungs- oder Mittelwertsänderung

b) Große Streuungsänderung (k = 1, j = 1,5)
Größtwert überschreitet Extremwertgrenze, Kleinstwert liegt unterhalb Streuungs-Hilfsgrenze.
Anzeige: O.H. und M.H. - Streuungsänderung

2) Große Mittelwertsverschiebung

a) Kleine Streuungsänderung (k = 2, j = 1,25)
Größtwert überschreitet weit die Extremwertgrenze, Kleinstwert liegt gerade oberhalb der Iterationsgrenze.
Anzeige: - Mittelwertsänderung, Streuungsänderung unbestimmt

b) Große Streuungsänderung (k = 2, j = 1,5)
Größtwert überschreitet weit die Extremwertgrenze, Kleinstwert liegt α) unterhalb oder β) oberhalb der Iterationsgrenze.
Anzeige: α) - Streuungsänderung
β) - Mittelwertsänderung, Streuungsänderung unbestimmt

Die verschiedenen Fälle lassen sich mit Hilfe der Prüfschärfekurven gut übersehen und deuten. Man erkennt, daß eine fehlerhafte Anzeige in Fall 1 a) - Kleine Mittelwerts- und Streuungsänderung - durch Anwendung der Streuungs-Hilfsgrenze vermieden wird. Ein weiterer Fehler tritt in Fall 2 b α) auf, da bei gleichzeitiger, größerer Mittelwerts- und Streuungsänderung der Kleinstwert der Stichprobe unter die Iterationsgrenze heruntergedrückt werden kann. Zwar wird infolgedessen die Mittelwertsänderung fehlerhaft nicht angezeigt, es erfolgt aber auf jeden Fall eine andere Anzeige, nämlich die Anzeige auf Streuungsänderung. Es empfiehlt sich daher in einem solchen Falle, nach Korrektur der Streuungsänderung eine weitere Stichprobe zwecks Prüfung auf Mittelwertsverschiebung zu nehmen.

5. Praktische Bedeutung

Die behandelten Erscheinungen lassen sich als Effekte zweiter Größenordnung kennzeichnen. Sie können grundsätzlich bei allen Kontroll- und

---
26. Es bedeutet: O.H. - Ohne Hilfsgrenze, M.H. - Mit Hilfsgrenze

Stichprobenkarten auftreten; sie sind aber offensichtlich bei den sogenannten zweispurigen Karten bisher kaum beobachtet worden, weil es schwierig ist, solche nur gelegentlich auftretenden Effekte bei getrennter Aufzeichnung von Mittelwert und Streuung in zwei Karten überhaupt zu bemerken. Die Entwicklung von Stichprobenkarten zur Analyse von Mittelwert und Streuung läßt jedoch eine allgemeine Behandlung dieser Fragen wünschenswert erscheinen, um zu übersehen, welche Fehler grundsätzlich auftreten können und welche Hilfsmittel gegebenenfalls zur Verfügung stehen.

Nach den obigen Ausführungen lassen sich Art und Größe der Effekte abschätzen. Die Erfahrung zeigt, daß die Erscheinungen vorläufig verhältnismäßig selten auftreten, so daß Bedenken gegen die Verwendung der Kontroll- und Stichprobenkarten in der üblichen Form nicht bestehen und besondere Hilfsmittel nicht vorgesehen zu werden brauchen.

In Aufzeichnungen von 4 Fabrikationsprozessen mit rd. 200 Stichproben konnte z.B. weder der Fall 1 a) noch der Fall 2 b α) nachgewiesen werden. Ein Beispiel für Fall 2 b α) findet sich in der Schrift "Kontrollkarten - - -"[27], S. 28, Probe Nr. 59.

In der $\bar{x}$ - Karte dieses Beispiels überschreitet der Mittelwert weit die Kontrollgrenze (S = 99 %), und in der R - Karte liegt die Spannweite oberhalb der Warngrenze (S = 95 %). In der Stichprobenkarte liegt zwar der Größtwert oberhalb der Extremwertgrenze, dagegen liegt der Kleinstwert, bedingt durch die Aufweitung der Verteilung - größeres R -, unterhalb der Iterationsgrenze (S = 99 %) bzw. auf der Iterationsgrenze (S = 95 %). Es wird demnach entsprechend Fall 2 b α) eine Streuungsänderung, aber noch keine kritische Mittelwertsänderung angezeigt, obwohl sie nach dem Befund der $\bar{x}$ - Karte vorhanden ist. Nach Streuungskorrektur wäre in einem solchen Falle nochmals auf Mittelwertsänderung zu prüfen.

III. Güte von Kontroll- und Stichprobenkarten mit technischen Toleranzen

1. Modifizierte Kontrollgrenzen

Bei der Fabrikationsüberwachung mittels mathematisch-statistischer Methoden sind zwei Fälle zu unterscheiden: Überwachung von Fabrikationsprozessen

---

27. Kontrollkarten für statistische Qualitätskontrolle, Ausschuß für wirtschaftliche Fertigung e.V., Berlin und Frankfurt a.M. 1956

ohne oder mit technischen Toleranzen. Im letzteren Falle, der hier ausschließlich behandelt werden soll, ist der vorgegebene Toleranzbereich meist größer als der Kontrollbereich, d.h. der Mittelwert der Verteilung kann sich bis zu einem gewissen Grade innerhalb des Toleranzbereichs frei bewegen; und die Aufgabe ist, die Bewegung des Mittelwerts an den Grenzen des Toleranzbereichs so sicher und zweckmäßig abzufangen, daß der Toleranzbereich wirtschaftlich ausgenutzt wird und daß kein merkbarer Ausschuß entsteht. Zu diesem Zweck werden an den Grenzen des Toleranzbereichs besondere Grenzen vorgesehen, deren Überschreitung durch irgendwelche Prüfgrößen als Signal für eine kritische Mittelwertsverschiebung angesehen wird.

Bei der Mittelwertkarte sind die besonderen Kontrollgrenzen am Rande des Toleranzbereichs als modifizierte Kontrollgrenzen bekannt. Wenn A der Kontrollgrenzfaktor der Mittelwertkarte ist, der z.B. nach amerikanischem Muster zahlenmäßig gleich 3 gesetzt wird, so beträgt der Abstand der modifizierten Kontrollgrenze von der Toleranzgrenze

$$A \cdot \sigma - A \cdot \frac{\sigma}{\sqrt{n}} = 3 \cdot \sigma - 3 \cdot \frac{\sigma}{\sqrt{n}}$$

Nach Abbildung 17 ist diese Differenz gleich dem Abstand der 3σ-Grenze der Einzelwertverteilung und der 3σ-Grenze der Mittelwertverteilung, wenn die 3σ-Grenze der Einzelwertverteilung mit der Toleranzgrenze T und die 3σ-Grenze der Mittelwertverteilung mit der Kontrollgrenze g zusammenfällt. In dieser Lage des Grundkollektivs, in der praktisch noch kein merkbarer Ausschuß vorhanden ist (Anteil 1,35 ‰), wird auch nur in einem verschwindend kleinen Teil von Fällen (Anteil ebenfalls 1,35 ‰) eine Anzeige auf Mittelwertsverschiebung irrtümlicherweise erfolgen, obwohl sie tatsächlich nicht vorhanden ist. Diese Festlegung der Grenzen ist eine Festlegung mit Hinsicht auf den Fehler erster Art. Es hat sich jedoch ergeben, daß diese Festlegung in der Praxis noch nicht befriedigt[28]. Wenn nämlich eine kritische Mittelwertsverschiebung wirklich auftritt, so ist weiter zu fragen, mit welcher Wahrscheinlichkeit diese Verschiebung angezeigt bzw. nicht angezeigt wird, d.h. wie groß der Fehler zweiter Art dafür ist, daß keine Anzeige auf Mittelwertsverschiebung erfolgt, obwohl sie tatsächlich vorhanden ist. Es zeigt sich, daß für die angegebenen

---

28. I.W. BURR, Engineering Statistics and Quality Control, New York, Toronto, London 1953, S. 271

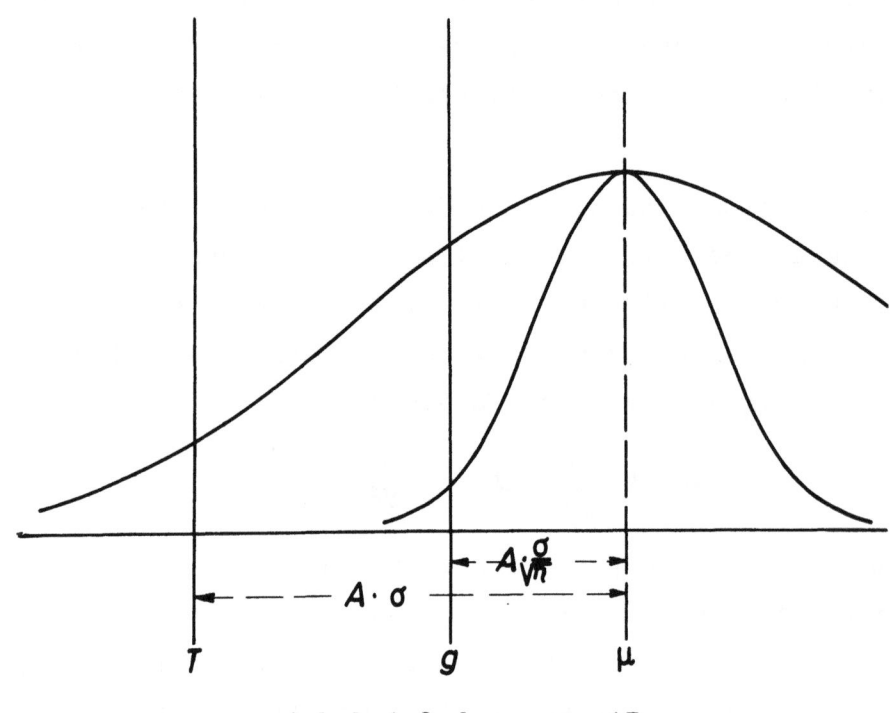

A b b i l d u n g 17
Toleranzgrenze und modifizierte Kontrollgrenze
T - Toleranzgrenze, g - modifiz. Kontr.-Gr., μ - Mittelwert d.Gesamtheit

modifizierten Kontrollgrenzen der Fehler zweiter Art verhältnismäßig groß ist und daß bereits erheblicher Ausschuß entsteht, bevor mit hinreichender Wahrscheinlichkeit ein Warnungssignal gegeben wird. Der Fehler zweiter Art wird verringert, wenn die Prüfgrenze g von der Toleranzgrenze T zurückverlagert wird. Als Kompromißlösung ist daher vorgeschlagen worden, die modifizierten Kontrollgrenzen im Abstand

$$3 \cdot \sigma - 2 \cdot \frac{\sigma}{\sqrt{n}}$$

von der Toleranzgrenze anzuordnen.

Dieser neue Vorschlag bedeutet, daß man für die Kontrollkarten Methoden heranzieht, die bei den Prüfverfahren für Variable bereits weitgehend ausgebaut sind[29]. Prüfverfahren und Kontrollkarten für Variable unterscheiden sich darin wesentlich voneinander, daß bei den Prüfverfahren regellos Lieferungen mit verschiedenem Ausschußprozentsatz vorgelegt werden, während bei den Kontrollkarten meist eine Trendwirkung vorhanden ist und aufeinander folgende Stichproben wachsende Ausschußprozentsätze ergeben. Diesem Unterschied kann durch verringerte Forderungen Rechnung getragen werden (s. weiter unten).

Kontrollgrenzen im Toleranzraum müssen nicht nur den Fehler erster Art, sondern auch den Fehler zweiter Art berücksichtigen; sie lassen sich nicht nur für die Mittelwertkarte, sondern überhaupt für alle Kontroll- und Stichprobenkarten angeben[30]. Im folgenden sollen unter dieser Voraussetzung die verschiedenen Kontroll- und Stichprobenkarten hinsichtlich ihrer Güte verglichen und beurteilt werden. Bevor in Abschnitt 3 die allgemeinen Zusammenhänge erörtert werden, werden einige Beziehungen zwischen der Iterations- und Extremwertkarte behandelt.

2. Beziehungen zwischen Iterations- und Extremwertkarte

a) Iterationskarte

In Abbildung 18 bedeuten T die Toleranzgrenze, g die Kontrollgrenze und g_{β}^{*} bzw. g_{α}^{*} zwei kritische Grenzen, die so festgelegt sind, daß das Annahme- und Rückweisungsrisiko für sie einen vorgegebenen kleinen Wert

---

29. I.W. BURR, a.a.O., S. 361
K. BRÜCKER-STEINKÜHL, Prüfverfahren für Variable mit weitem und engem Toleranzbereich, Mitteilungsblatt für Math. Statistik, 8 (1956), S. 32

30. für Extremwertkarten s. S. 46, Anmerkung 16
für Iterationskarten s. S. 47, Anmerkung 17

hat. Wenn der Mittelwert der Gesamtheit mit g_β^* zusammenfällt, soll der Ausschuß einen vorgegebenen kleinen Wert γ haben. Bei Mittelwertsverschiebung wird sich der Mittelwert aus dem Toleranzraum, rechts von g_α^*, zur Toleranzgrenze T bewegen. Es treten nun folgende Fälle auf:

1) $\underline{\mu = g_\beta^*}$ Die Wahrscheinlichkeit, daß alle n Werte links von g liegen, soll ein vorgegebenes großes Maß $(1 - \beta)$ erreichen.

$$(30) \qquad q^n = \left\{\Phi(\lambda_{\beta^*})\right\}^n = 1 - \beta$$

Hierbei bedeutet q den links von g liegenden Anteil der Häufigkeitsverteilung.

Dies kann auch so gedeutet werden: Die Wahrscheinlichkeit, daß wenigstens 1 Wert rechts von g liegt, soll nur gleich β sein.

$$1 - q^n = 1 - \left\{\Phi(\lambda_{\beta^*})\right\}^n = \beta$$

2) $\underline{\mu = g_\alpha^*}$ Die Wahrscheinlichkeit, daß alle n Werte links von g liegen, soll nur gleich α sein.

$$(31) \qquad q^n = \left\{\Phi(-\lambda_{\alpha^*})\right\}^n = \alpha$$

Andere Deutung: Die Wahrscheinlichkeit, daß wenigstens 1 Wert rechts von g liegt, soll ein vorgegebenes großes Maß $(1 - \alpha)$ erreichen.

$$1 - q^n = 1 - \left\{\Phi(-\lambda_{\alpha^*})\right\}^n = 1 - \alpha$$

Formel (30) und (31) gelten für weiten Toleranzbereich. Bei engem Toleranzbereich fällt $g_{\alpha/2}^*$ mit der Toleranzmitte $\frac{T_o + T_u}{2}$ zusammen. Für engen Toleranzbereich gelten analog (30) und (31) die Formeln

1') $\underline{\mu = g_\beta^*}$

$$(32) \qquad q_1^n + q_2^n = \left\{\Phi(\lambda_{\beta^*})\right\}^n + \left\{1 - \Phi(\lambda_{\beta^*} + 2\cdot\lambda_{\alpha/2^*})\right\}^n = 1 - \beta$$

2') $\underline{\mu = g_{\alpha/2}^*}$

$$(33) \qquad q_1^n + q_2^n = \left\{\Phi(-\lambda_{\alpha/2^*})\right\}^n + \left\{1 - \Phi(\lambda_{\alpha/2^*})\right\}^n$$
$$= 2\cdot\left\{\Phi(-\lambda_{\alpha/2^*})\right\}^n = \alpha$$

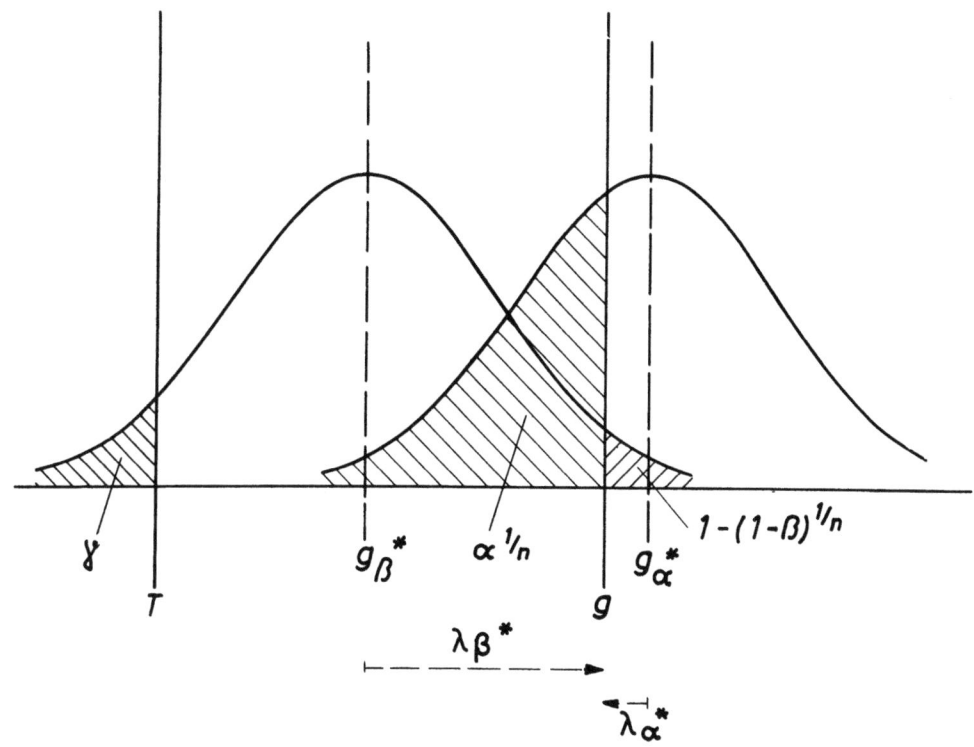

Abbildung 18
Iterationskarte mit technischen Toleranzen

T - Toleranzgrenze; g - Kontrollgrenze; g_α^*, g_β^* - kritische Grenzen; λ_α^*, λ_β^* - Integralgrenzen der Normalverteilung; α - Rückweisungsrisiko; β - Annahmerisiko; γ - Ausschußanteil

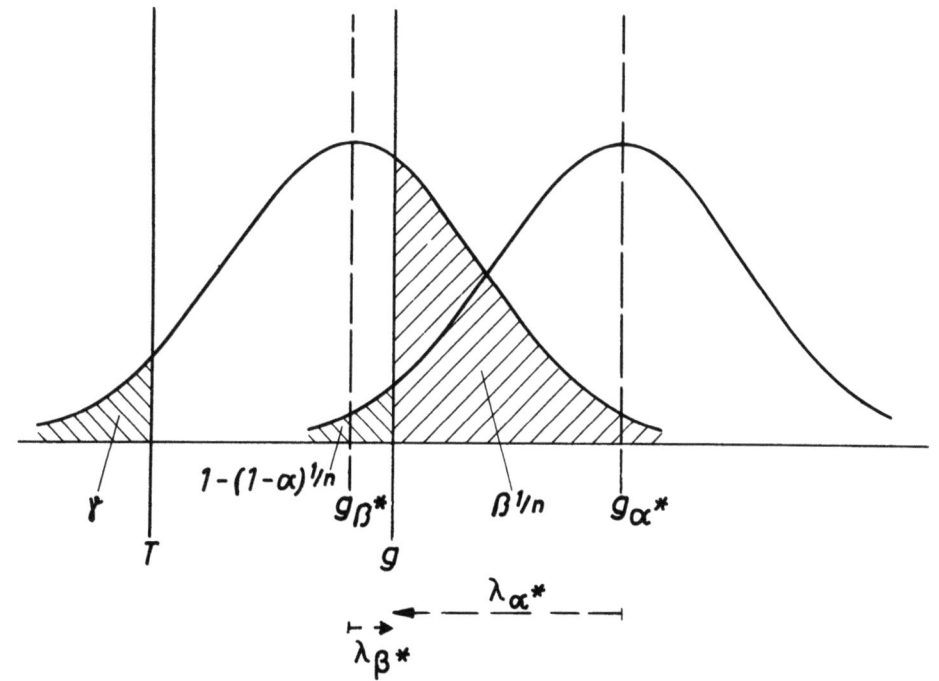

Abbildung 19
Extremwertkarte mit technischen Toleranzen
T - Toleranzgrenze; g - Kontrollgrenze
g_α^*, g_β^* - kritische Grenzen; λ_α^*, λ_β^* - Integralgrenzen der Normalverteilung; α - Rückweisungsrisiko; β - Annahmerisiko; γ - Ausschußanteil

Es bedeuten q_1 und q_2 die links von g_u bzw. rechts von g_o liegenden Anteile der Häufigkeitsverteilung, g_u bzw. g_o die untere bzw. obere Kontrollgrenze, T_u bzw. T_o die untere bzw. obere Toleranzgrenze.

b) Extremwertkarte

Abbildung 19 ist ähnlich wie Abbildung 18 angelegt, und die Bezeichnungen der beiden Abbildungen entsprechen einander. Die Kontrollgrenze der Extremwertkarte ist weiter nach links zur Toleranzgrenze verschoben als die Kontrollgrenze der Iterationskarte.

1) $\underline{\mu = g_{\beta*}}$ Die Wahrscheinlichkeit, daß alle n Werte rechts von g liegen, soll nur gleich β sein.

(34) $$p^n = \{\phi(-\lambda_{\beta*})\}^n = \beta$$

Hierbei bedeutet p den rechts von g liegenden Anteil der Häufigkeitsverteilung.

Dies kann auch so gedeutet werden: Die Wahrscheinlichkeit, daß wenigstens 1 Wert links von g liegt, soll ein vorgegebenes großes Maß $(1 - \beta)$ erreichen.

$$1 - p^n = 1 - \{\phi(-\lambda_{\beta*})\}^n = 1 - \beta$$

2) $\underline{\mu = g_{\alpha*}}$ Die Wahrscheinlichkeit, daß alle n Werte rechts von g liegen, soll ein vorgegebenes großes Maß $(1 - \alpha)$ erreichen.

(35) $$p^n = \{\phi(\lambda_{\alpha*})\}^n = 1 - \alpha$$

Andere Deutung: Die Wahrscheinlichkeit, daß wenigstens 1 Wert links von g liegt, soll nur gleich α sein.

$$1 - p^n = 1 - \{\phi(\lambda_{\alpha*})\}^n = \alpha$$

Formel (34) und (35) gelten für weiten Toleranzbereich. Bei engem Toleranzbereich ergeben sich die Formeln

1') $\underline{\mu = g_{\beta*}}$

(36) $$p^n = \{\phi(-\lambda_{\beta*}) - \phi(-\lambda_{\beta*} - 2 \cdot \lambda_{\alpha/2 *})\}^n = \beta$$

2') $\underline{\mu = g_{\alpha/2}*}$

(37)
$$p^n = \{\phi(\lambda_{\alpha/2}*) - \phi(-\lambda_{\alpha/2}*)\}^n$$
$$= \{2 \cdot \phi(\lambda_{\alpha/2}*) - 1\}^n = 1 - \alpha$$

In (32) und (36) ist jeweils der zweite Klammerausdruck gegenüber dem ersten Klammerausdruck vernachlässigbar klein, so daß (32) mit (30) und (36) mit (34) übereinstimmt. In Tabelle 9 sind die Formeln (30) bis (37) zusammen mit weiteren Ableitungen übersichtlich zusammengestellt.

In Tabelle 9 sind die Ausdrücke für $\mu = g_\beta^*$ allgemein bezogen auf einseitige statistische Sicherheit, die Ausdrücke für $\mu = g_\alpha^*$ - weiter Toleranzbereich - auf einseitige und die Ausdrücke für $\mu = g_{\alpha/2}^*$ - enger Toleranzbereich - auf zweiseitige statistische Sicherheit.

Diejenigen Anteile der Häufigkeitsverteilung, die auf der dem Mittelwert abgekehrten Seite von g liegen, sind in der jeweils vierten Zeile von Tabelle 9 angegeben.

Iteration: $1 - q$ für $\mu = g_\beta^*$, q für $\mu = g_\alpha^*$
q_1 für $\mu = g_{\alpha/2}^*$

Extremwert: p für $\mu = g_\beta^*$, $1 - p$ für $\mu = g_\alpha^*$
$\frac{1-p}{2}$ für $\mu = g_{\alpha/2}^*$

Die Anteile $1 - q$, q bzw. p, $1 - p$ sind auch in Abbildung 18 und 19 eingezeichnet.

Die Ausdrücke für q^n und p^n, die auf weiten Toleranzbereich und einseitige statistische Sicherheit bezogen sind, können nach Tabelle 9 in folgender Weise zusammengefaßt werden.

(38)
$$\text{Iteration} \quad \left\{\phi\begin{pmatrix}+\lambda_\beta^*\\-\lambda_\alpha^*\end{pmatrix}\right\}^n = \begin{matrix}1-\beta\\\alpha\end{matrix}$$

$$\text{Extremwert} \quad \left\{\phi\begin{pmatrix}-\lambda_\beta^*\\+\lambda_\alpha^*\end{pmatrix}\right\}^n = \begin{matrix}\beta\\1-\alpha\end{matrix}$$

Tabelle 9 und Formel (38) lassen die Analogien zwischen Iteration und Extremwert, insbesondere für den Fall der einseitigen statistischen Sicherheit, deutlich hervortreten.

Tabelle 9

		$\mu = g_\beta^*$	Toleranzbereich Weit $\mu = g_\alpha^*$	Toleranzbereich Eng $\mu = g_{\alpha/2}^*$
Iteration	q^n	$\{\phi(\lambda_\beta^*)\}^n = 1-\beta$	$\{1-\phi(\lambda_\alpha^*)\}^n = \alpha$	$\{1-\phi(\lambda_{\alpha/2}^*)\}^n = \frac{\alpha}{2}$
	$1-q^n$	$1-\{\phi(\lambda_\beta^*)\}^n = \beta$	$1-\{1-\phi(\lambda_\alpha^*)\}^n = 1-\alpha$	
		$\phi(\lambda_\beta^*) = (1-\beta)^{1/n}$	$\phi(\lambda_\alpha^*) = 1-\alpha^{1/n}$	$\phi(\lambda_{\alpha/2}^*) = 1-\left(\frac{\alpha}{2}\right)^{1/n}$
	Anteil außerhalb g	$1-q = 1-(1-\beta)^{1/n}$	$q = \alpha^{1/n}$	$q_1 = \left(\frac{\alpha}{2}\right)^{1/n}$
Extremwert	p^n	$\{1-\phi(\lambda_\beta^*)\}^n = \beta$	$\{\phi(\lambda_\alpha^*)\}^n = 1-\alpha$	$1-\{2\cdot\phi(\lambda_{\alpha/2}^*)-1\}^n = \alpha$
	$1-p^n$	$1-\{1-\phi(\lambda_\beta^*)\}^n = 1-\beta$	$1-\{\phi(\lambda_\alpha^*)\}^n = \alpha$	
		$\phi(\lambda_\beta^*) = 1-\beta^{1/n}$	$\phi(\lambda_\alpha^*) = (1-\alpha)^{1/n}$	$\phi(\lambda_{\alpha/2}^*) = \frac{1}{2} + \frac{1}{2}\cdot(1-\alpha)^{1/n}$
	Anteil außerhalb g	$p = \beta^{1/n}$	$1-p = 1-(1-\alpha)^{1/n}$	$\frac{1-p}{2} = \frac{1}{2} - \frac{1}{2}\cdot(1-\alpha)^{1/n}$

Wenn wechselweise $\beta_{It.} = \alpha_{Extr.}$ und $\alpha_{It.} = \beta_{Extr.}$ gewählt werden, so wird[31]

$$\text{Iteration} \qquad\qquad\qquad \text{Extremwert}$$

(39)
$$\phi(\lambda_{\beta^*}) = (1-\beta)^{1/n} \longleftrightarrow \phi(\lambda_{\alpha^*}) = (1-\alpha)^{1/n}$$

$$\phi(\lambda_{\alpha^*}) = 1 - \alpha^{1/n} \longleftrightarrow \phi(\lambda_{\beta^*}) = 1 - \beta^{1/n}$$

und
$$(\lambda_{\beta^*})_{It.} = (\lambda_{\alpha^*})_{Extr.} \qquad (\lambda_{\alpha^*})_{It.} = (\lambda_{\beta^*})_{Extr.}$$

In diesem Falle sind demnach auch die kritischen Unsicherheitsbereiche für Iteration und Extremwert einander gleich.

$$(\lambda_{\alpha^*} + \lambda_{\beta^*})_{It.} = (\lambda_{\alpha^*} + \lambda_{\beta^*})_{Extr.}$$

Wenn weiter $\alpha_{It.} = \alpha_{Extr.}$ oder $\beta_{It.} = \beta_{Extr.}$ gewählt wird, so sind die kritischen Unsicherheitsbereiche nicht nur gleich groß, sondern haben auch die gleiche Lage, bezogen auf die Toleranzgrenze. Diese und andere Zusammenhänge können an Hand von Abbildung 20 übersehen werden.

In Abbildung 20 sind die Prüfschärfekurven der Iterations- und Extremwertkarte für einseitige statistische Sicherheit dargestellt nach den Formeln

(40)
Iterationskarte $\qquad 1 - W_A = \{1 - \phi(\lambda_{\alpha^*} - k)\}^n$

Extremwertkarte $\qquad 1 - W_A = 1 - \{\phi(\lambda_{\alpha^*} - k)\}^n$

wobei die Mittelwertsverschiebung k definiert ist durch $\mu_v = \mu_0 + k \cdot \sigma$

---

31. Diese Analogien sind die Erklärung dafür, daß die in verschiedenen Arbeiten veröffentlichten Tabellen und Formelgrößen für Kontrollgrenzfaktoren nach ihren Zahlenwerten übereinstimmen, und zwar

    Tabelle 4 in I mit Tabelle S. 11 in II;

    Werte von $(\lambda_{\alpha^*})_{It.}$ nach I, S. 166 mit Tabelle S. 14 in II, wobei $+(\lambda_{\alpha^*})_{It.} = -\ell$ ist.

    I - K. BRÜCKER-STEINKUHL, Stichprobenkarten mit Iterationen, Mitteilungsblatt für Math. Statistik, 8 (1956), S. 154

    II - Kontrollkarten für statistische Qualitätskontrolle, Ausschuß für wirtschaftliche Fertigung e.V., Berlin und Frankfurt a.M. 1956

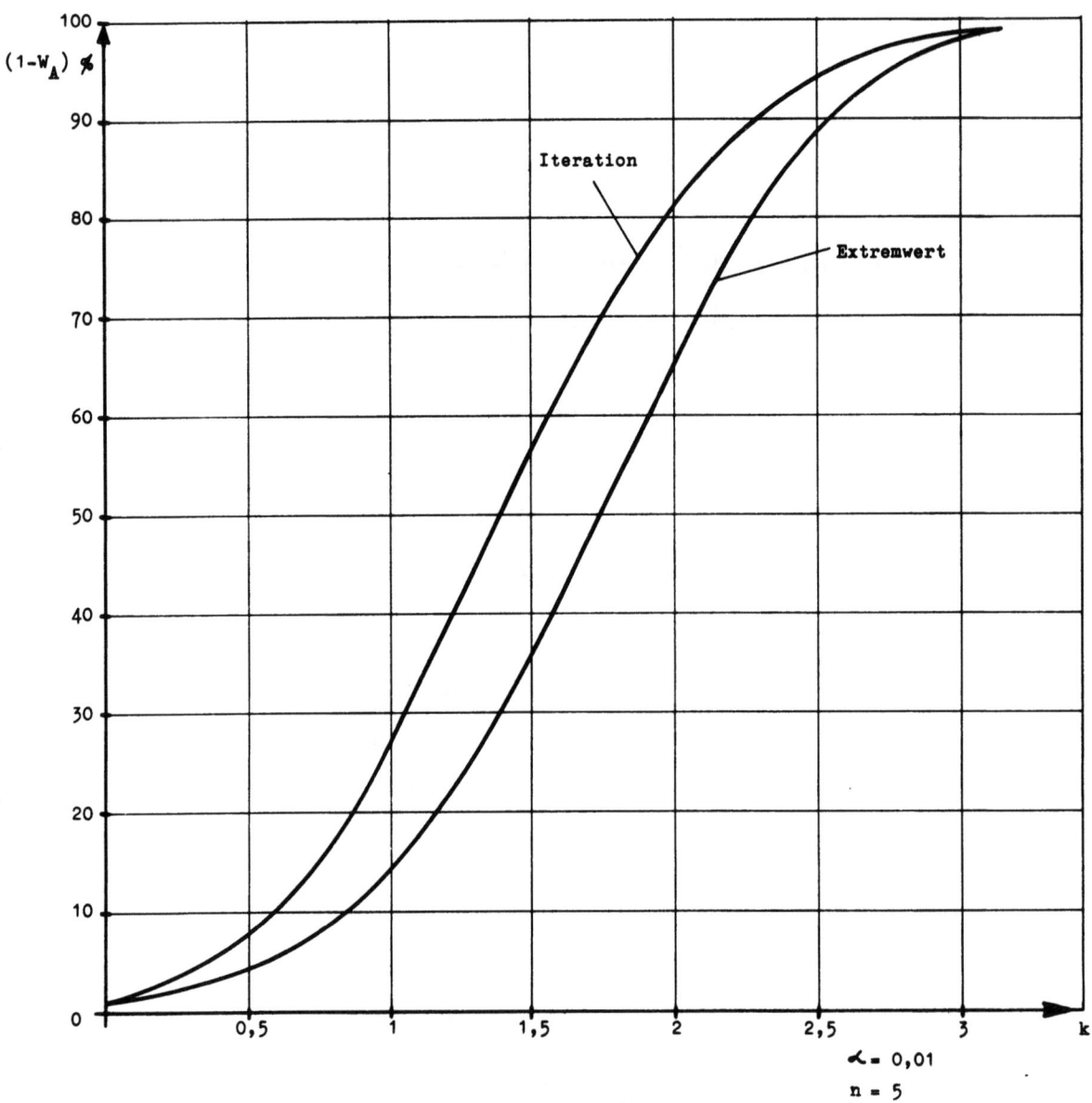

Abbildung 20

Prüfschärfe der Iterations- und Extremwertkarte
in Abhängigkeit von der Mittelwertsverschiebung

Für $k = 0$ bzw. $k = \lambda_\alpha^* + \lambda_\beta^*$ geht (40) in (38) über. Abbildung 20 ist berechnet für $n = 5$ und $\alpha_{It.} = \alpha_{Extr.} = 0,01$. Wenn nunmehr die Prüfschärfen für $\beta_{It.} = \beta_{Extr.} = 0,01$ betrachtet werden, so gilt für die zugehörigen Abszissenabstände $(\lambda_\alpha^* + \lambda_\beta^*)_{It.} = (\lambda_\alpha^* + \lambda_\beta^*)_{Extr.}$; d.h. die beiden Prüfschärfekurven, die sich zum ersten Mal im Punkt $k = 0$, $1 - W_A = \alpha = 0,01$ schneiden, schneiden sich zum zweiten Mal im Punkt k = $\lambda_\alpha^* + \lambda_\beta^*$ = 0,26 + 2,88 = 3,14, 1 - W_A = 1 - β = 0,99.

Die Iterationskurve liegt im Bereich innerhalb dieser Schnittpunkte über der Extremwertkurve, und zwar beträchtlich bei kleinen Mittelwertsverschiebungen k ≦ 2. Dieser Vorteil der Iterationskarte entspricht dem bereits bei zweiseitiger statistischer Sicherheit festgestellten Vorteil[32]; er ist bedingt durch die verschiedene Lage der Kontrollgrenzen von Iteration und Extremwert. Die Kontrollgrenze Iteration liegt in unmittelbarer Nähe der kritischen Grenze g_α^* und die Kontrollgrenze Extremwert in unmittelbarer Nähe der kritischen Grenze g_β^*. Daher ist die Prüfschärfenkurve für Iteration im Anlaufbereich steil und im Auslaufbereich flach, dagegen die Prüfschärfenkurve für Extremwert im Anlaufbereich flach und im Auslaufbereich steil. Infolge der Analogien zwischen Iteration und Extremwert werden die beiden Kurven ineinander überführt, wenn man die Abbildung 20 um 180° dreht.

3. Gütebeurteilung von Kontroll- und Stichprobenkarten

Die Kriterien zur Gütebeurteilung lassen sich am einfachsten für die Mittelwertkarte ableiten. Die Medianwertkarte unterscheidet sich nur nach der Größe der Streuung von der Mittelwertkarte; und nach den Ausführungen von Abschnitt 2 können auch die Iterations- und Extremwertkarte in Anlehnung an die Ausführungen zur Mittelwertkarte behandelt werden.

In Abbildung 21 ist der Toleranzbereich mit den zugehörigen Kontrollgrenzen und kritischen Grenzen dargestellt. Die Bezeichnungen von Abbildung 21 sind gleichbedeutend mit den Bezeichnungen von Abbildung 18 und 19. Der Mittelwert kann sich bis zur Grenze g_α frei bewegen; für $\mu = g_\alpha$ beträgt das Rückweisungsrisiko den kleinen Wert α. Im Bereich g_α bis g_β wird der kritische Unsicherheitsbereich durchlaufen, in dem mit einer beachtlichen Wahrscheinlichkeit irrtümlicherweise Mittelwerte rechts von g_u als schlecht und Mittelwerte links von g_u als gut beurteilt werden. In der Grenzlage g_β beträgt das Annahmerisiko nur noch den kleinen Wert β; für $\mu = g_\beta$ ist ferner der Anteil der Einzelwertverteilung außerhalb der Toleranzgrenze T_u oder der Ausschuß gleich γ. Die Toleranzgrenze T_u läge im Abstand $(A \cdot \sigma) = (\lambda_\alpha \cdot \sigma)$ von der kritischen Grenze g_α, wenn die Kontrollgrenze g_u nach dem Verfahren der modifizierten Kontrollgrenzen angelegt wäre, und der entsprechend reduzierte Toleranzbereich

---
32. s. S. 47, Anmerkung 17

Forschungsberichte des Wirtschafts- und Verkehrsministeriums Nordrhein-Westfalen

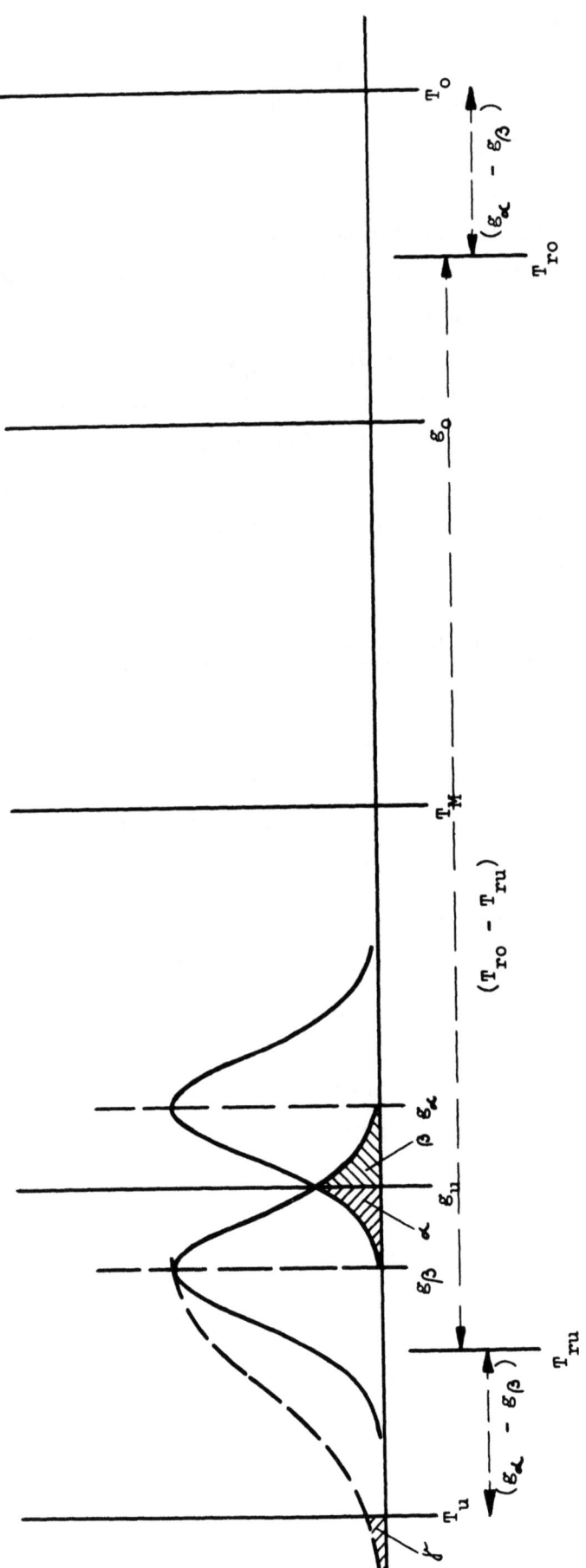

Abbildung 21

Mittelwertkarte mit technischen Toleranzen

T_M - Toleranzmitte; T_o, T_u - obere bzw. untere Toleranzgrenze
T_{ro}, T_{ru} - obere bzw. untere reduzierte Toleranzgrenze; g_o, g_u - obere bzw. untere Kontrollgrenze
g_α, g_β - kritische Grenzen; α - Rückweisungsrisiko; β - Annahmerisiko; γ - Ausschußanteil

hätte die Breite $(T_{ro} - T_{ru})$. Die Prüfung ist jedoch, wie oben angegeben, in der Nähe der Kontrollgrenzen mit einer gewissen Unsicherheit verbunden. Um dieser Unsicherheit und dem Fehler zweiter Art Rechnung zu tragen, muß der Toleranzbereich erweitert werden, und zwar an beiden Seiten um den Betrag $(g_\alpha - g_\beta)$.

Es ist[33]

(41)
$$g_\alpha - T_u = \sigma \cdot (\lambda + \frac{\lambda_\alpha + \lambda_\beta}{\sqrt{n}})$$

$$g_\beta - T_u = \sigma \cdot \lambda$$

$$g_\alpha - g_\beta = \sigma \cdot \frac{\lambda_\alpha + \lambda_\beta}{\sqrt{n}}$$

$$T_{ro} - T_{ru} = (T_o - T_u) - 2 \cdot \sigma \cdot \frac{\lambda_\alpha + \lambda_\beta}{\sqrt{n}}$$

mit
$$\Phi(\lambda_\alpha) = 1 - \alpha, \quad \Phi(\lambda_\beta) = 1 - \beta, \quad \Phi(\lambda) = 1 - \gamma$$

Da der Abstand der kritischen Grenze g_β von der Toleranzgrenze T_u für alle Kontrollkarten gleich groß zu wählen ist - $g_\beta - T_u = \sigma \cdot \lambda$ -, so kommt es bei einem Gütevergleich verschiedener Karten nur auf die Größe des kritischen Unsicherheitsbereichs $(g_\alpha - g_\beta)$ bzw. $(g_\alpha^* - g_\beta^*)$ an; er ist in normierter Form, für $\sigma = 1$, gleich $\frac{g_\alpha - g_\beta}{\sigma}$ bzw. $\frac{g_\alpha^* - g_\beta^*}{\sigma}$.

Dieser Wert ist für die verschiedenen Karten gegeben durch

(42)

Mittelwertkarte $\qquad \dfrac{g_\alpha - g_\beta}{\sigma} = \dfrac{\lambda_\alpha + \lambda_\beta}{\sqrt{n}}$

Medianwertkarte $\qquad \dfrac{g_\alpha - g_\beta}{\sigma} = \dfrac{\lambda_\alpha + \lambda_\beta}{\sqrt{\frac{2n}{\pi}}}$

Iterationskarte $\qquad \dfrac{g_\alpha^* - g_\beta^*}{\sigma} = (\lambda_\alpha^* + \lambda_\beta^*)_{It.}$

Extremwertkarte $\qquad \dfrac{g_\alpha^* - g_\beta^*}{\sigma} = (\lambda_\alpha^* + \lambda_\beta^*)_{Extr.}$

---

33. K. BRÜCKER-STEINKUHL, Prüfverfahren für Variable mit weitem und engem Toleranzbereich, Mitteilungsblatt für Math. Statistik, 8 (1956), S. 32

Der Mittelwert der Verteilung kann sich in allen Fällen bis zur Grenze g_α bzw. g_α^* frei bewegen. Je kleiner demnach der Unsicherheitsbereich $(g_\alpha - g_\beta)$ bzw. $(g_\alpha^* - g_\beta^*)$ ist, umso besser kann der Toleranzbereich ausgenützt werden, und umso größer ist die Güte der Karte. In Tabelle 10 sind einige Zahlenwerte des Unsicherheitsbereichs für $n = 5$, $\beta = 0,1$; $\alpha = 0,01$; $0,05$; $0,1$; ferner für $\beta = 0,5$; $\alpha = 0,01$ angegeben.

Tabelle 10

Unsicherheitsbereich $\dfrac{g_\alpha - g_\beta}{\sigma}$ bzw. $\dfrac{g_\alpha^* - g_\beta^*}{\sigma}$

	$\beta = 0,1$			$\beta = 0,5$
	$\alpha = 0,01$	$\alpha = 0,05$	$\alpha = 0,1$	$\alpha = 0,01$
Mittelwert	1,61	1,30	1,14	1,04
Medianwert	2,03	1,64	1,44	1,31
Iteration	2,30	1,92	1,71	1,39
Extremwert	2,55	1,99	1,71	1,75

Die Reihenfolge der Karten in (42) und Tabelle 10 entspricht ihrer Güte; der Unsicherheitsbereich ist also am kleinsten für Mittelwert und am größten für Extremwert. Der Unsicherheitsbereich der Iterationskarte ist für $\alpha < \beta$ kleiner als der der Extremwertkarte und stimmt für $\alpha = \beta$ mit diesem überein (s. Ausführungen zu Formel (39)). Je größer β gewählt wird, umso vorteilhafter ist die Iterationskarte, da in diesem Fall der flache Auslaufbereich verkleinert wird und der steile Anlaufbereich vorwiegend zur Geltung kommt.

Werte von $\dfrac{\lambda_\alpha}{\sqrt{n}}$ bzw. $\dfrac{\lambda_\beta}{\sqrt{n}}$ (Mittelwertkarte)[34]

von $\dfrac{\lambda_\alpha}{\sqrt{\frac{2n}{\pi}}}$ bzw. $\dfrac{\lambda_\beta}{\sqrt{\frac{2n}{\pi}}}$ (Medianwertkarte)[34]

von $(\lambda_\alpha^*)_{It.} = (\lambda_\beta^*)_{Extr.}$

von $(\lambda_\beta^*)_{It.} = (\lambda_\alpha^*)_{Extr.}$

---

34. vgl. Formel (24), wobei $A = \lambda_\alpha$ ist

Tabelle 11

Werte des auf σ bezogenen Kontrollgrenzfaktors $\frac{\lambda_\alpha}{\sqrt{n}}$ bzw. $\frac{\lambda_\beta}{\sqrt{n}}$

(Mittelwertkarte)

S_α bzw. S_β /% α bzw. β	n	1	2	3	4	5	6	7	8	9	10
90	0,1	1,28	0,91	0,74	0,64	0,57	0,52	0,48	0,45	0,43	0,40
95	0,05	1,64	1,16	0,95	0,82	0,73	0,67	0,62	0,58	0,55	0,52
99	0,01	2,33	1,65	1,35	1,17	1,04	0,95	0,88	0,82	0,78	0,74
99,9	0,001	3,09	2,18	1,78	1,55	1,38	1,26	1,17	1,09	1,03	0,98

Tabelle 12

Werte des auf σ bezogenen Kontrollgrenzfaktors $\frac{\lambda_\alpha}{\sqrt{\frac{2n}{\pi}}}$ bzw. $\frac{\lambda_\beta}{\sqrt{\frac{2n}{\pi}}}$

(Medianwertkarte)

S_α bzw. S_β /% α bzw. β	n	1	2	3	4	5	6	7	8	9	10
90	0,1	1,60	1,13	0,94	0,80	0,72	0,65	0,61	0,57	0,53	0,51
95	0,05	2,06	1,45	1,19	1,03	0,92	0,84	0,78	0,73	0,68	0,65
99	0,01	2,92	2,06	1,69	1,46	1,31	1,19	1,10	1,03	0,97	0,92
99,9	0,001	3,87	2,74	2,24	1,94	1,73	1,58	1,46	1,37	1,29	1,22

Forschungsberichte des Wirtschafts- und Verkehrsministeriums Nordrhein-Westfalen

T a b e l l e 13

Werte von $(\lambda_\alpha^*)_{It.} = (\lambda_\beta^*)_{Extr.}$

S_α bzw. S_β /%	α bzw. β	1	2	3	4	5	6	7	8	9	10
90	0,1	1,28	0,48	0,08	-0,16	-0,33	-0,47	-0,58	-0,67	-0,75	-0,83
95	0,05	1,64	0,76	0,33	0,07	-0,12	-0,28	-0,40	-0,50	-0,58	-0,65
99	0,01	2,33	1,28	0,79	0,48	0,26	0,09	-0,05	-0,16	-0,26	-0,34
99,9	0,001	3,09	1,86	1,28	0,92	0,67	0,47	0,31	0,19	0,09	0,00

T a b e l l e 14

Werte von $(\lambda_\beta^*)_{It.} = (\lambda_\alpha^*)_{Extr.}$

S_α bzw. S_β /%	α bzw. β	1	2	3	4	5	6	7	8	9	10
90	0,1	1,28	1,63	1,82	1,94	2,04	2,11	2,17	2,22	2,27	2,31
95	0,05	1,64	1,95	2,12	2,23	2,32	2,39	2,44	2,49	2,53	2,57
99	0,01	2,33	2,58	2,72	2,81	2,88	2,93	2,98	3,02	3,06	3,09
99,9	0,001	3,09	3,29	3,40	3,48	3,54	3,59	3,63	3,66	3,69	3,71

sind in den Tabellen 11, 12, 13[35], 14[36] angegeben.

Hierin bedeuten: S_α bzw. S_β - Einseitige, statistische Sicherheit, α bzw. β - Rückweisungs- bzw. Annahmerisiko, n - Stichprobenumfang.

Für vorgegebene Werte α und β entnimmt man aus den Tabellen 11 - 14 die beiden Größen $\frac{g_\alpha - g_u}{\sigma}$ bzw. $\frac{g_\alpha^* - g_u}{\sigma}$ und $\frac{g_u - g_\beta}{\sigma}$ bzw. $\frac{g_u - g_\beta^*}{\sigma}$, aus denen der Unsicherheitsbereich nach den Formeln (42) zusammengesetzt wird.

Eine Übersicht über das gesamte Verhalten der Karten wird erhalten, wenn man für Mittelwertsverschiebungen in der Nähe der Toleranzgrenze die Prüfschärfen berechnet. Die Prüfschärfen der Iterations- und Extremwertkarte sind gegeben durch die Formelausdrücke (40) und die der Mittelwert- und Medianwertkarte durch die Formelausdrücke (43).

Mittelwertkarte $\qquad 1 - W_A = 1 - \Phi(\lambda_\alpha - k\sqrt{n})$

(43)

Medianwertkarte $\qquad 1 - W_A = 1 - \Phi(\lambda_\alpha - k\sqrt{\frac{2n}{\pi}})$

(40) und (43) sind bezogen auf einseitige statistische Sicherheit. Nach (40) und (43) sind die Prüfschärfen für n = 5, α = 0,01 und β = 0,1 bzw. 0,5 berechnet und in den Abbildungen 22 und 23 dargestellt worden. Ordinate dieser Abbildungen ist die Prüfschärfe $1 - W_A$, Abszisse ist die Mittelwertsverschiebung k.

Bei Karten ohne technische Toleranzen würde man die Mittelwertsverschiebung von einem Wert g_α bzw. g_α^* ausgehen lassen, der allen Karten gemeinsam ist, so daß k = 0 für $1 - W_A = \alpha$ wäre. Bei Karten mit technischen Toleranzen, bei denen der Toleranzbereich soweit als möglich ausgenutzt werden soll, ist dies jedoch nicht möglich. Hier ist der Wert g_α bzw. g_α^*, bis zu dem sich der Mittelwert frei bewegen kann, nicht gemeinsam; er ist vielmehr für jede Karte verschieden, und die Aufgabe besteht gerade darin, die Unterschiede der Mittelwertslagen $\mu = g_\alpha$ bzw. $\mu = g_\alpha^*$ für die verschiedenen Karten zu bestimmen. Daher wird die Mittelwertsverschiebung auf die Toleranzgrenze T_u oder, da der Abstand

---
35. s. S. 75, Anmerkung 31, Tabelle S.14 in II, wobei $+(\lambda_\alpha^*)_{It.} = \lambda$ ist
36. s. S. 75, Anmerkung 31, Tabelle 4 in I

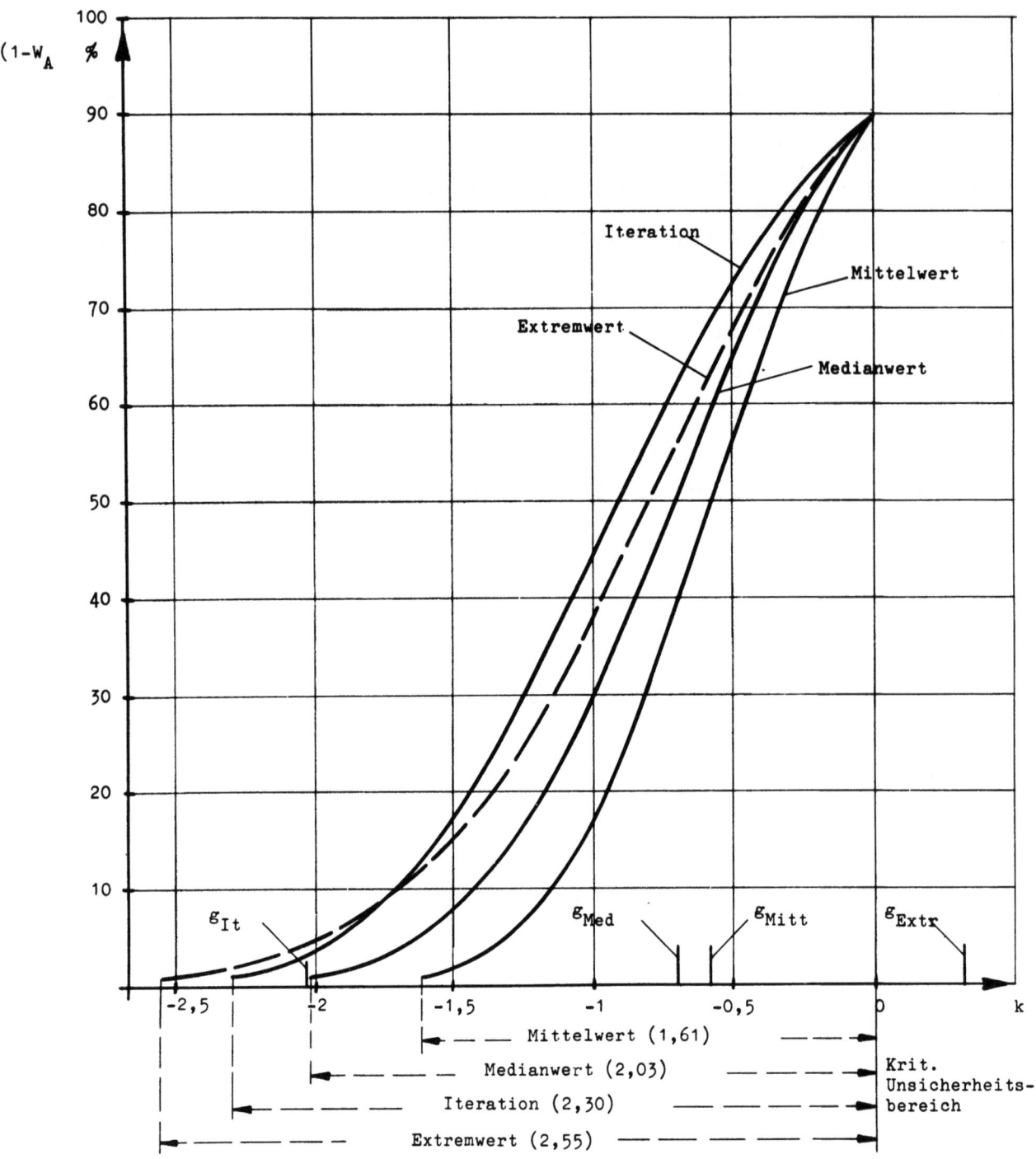

Abbildung 22

Prüfschärfe von Kontroll- und Stichprobenkarten
in Abhängigkeit von der Mittelwertsverschiebung

$\beta = 0,1;\quad \alpha = 0,01;\quad n = 5$

g_{It}, g_{Med}, g_{Mitt}, g_{Extr} - Kontrollgrenzen

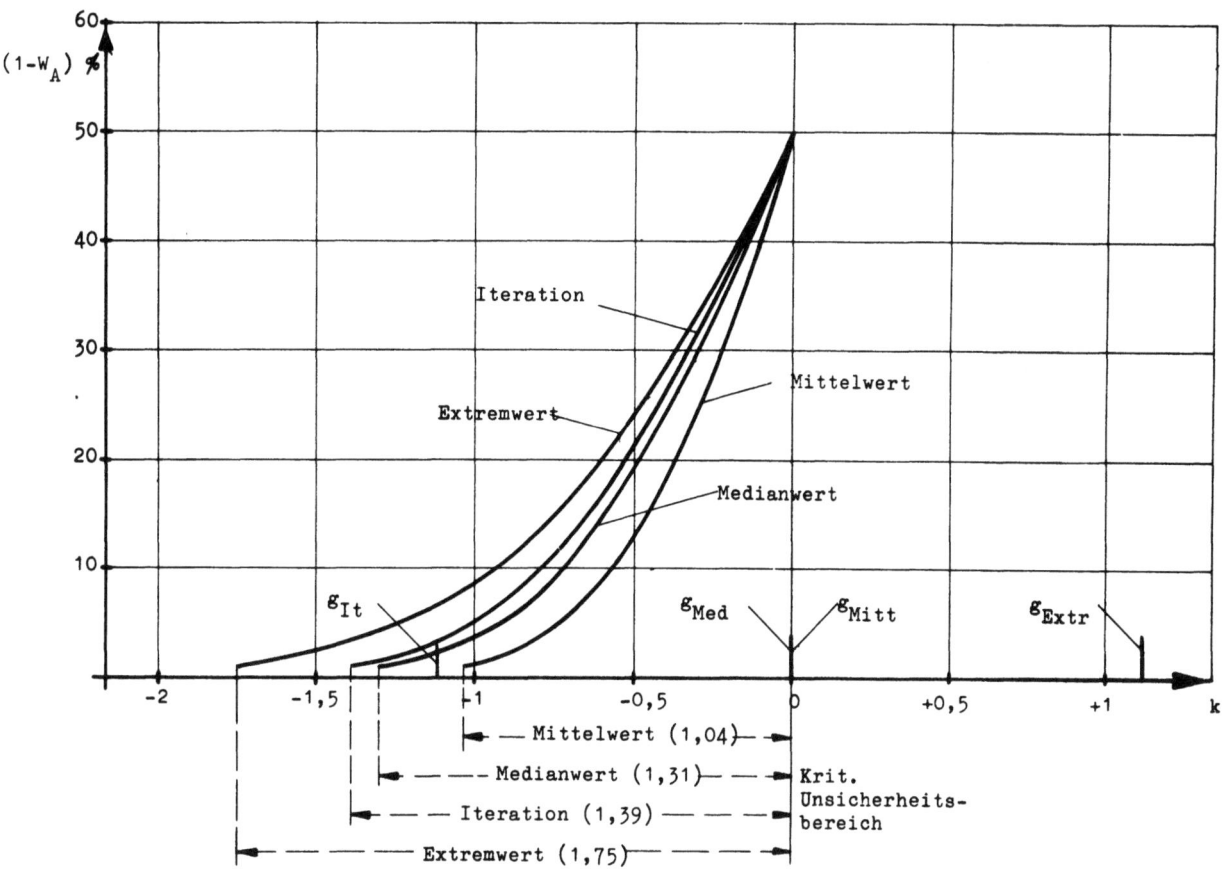

Abbildung 23

Prüfschärfe von Kontroll- und Stichprobenkarten
in Abhängigkeit von der Mittelwertsverschiebung

$\beta = 0{,}5;\quad \alpha = 0{,}01;\quad n = 5$

$g_{It},\ g_{Med},\ g_{Mitt},\ g_{Extr}$ - Kontrollgrenzen

$g_\beta - T_u = \sigma \cdot \lambda$ für alle Karten gleich groß zu wählen ist, auf die kritische Grenze g_β bzw. g_β^* bezogen. Für diese Grenze hat das Annahmerisiko einen vorgegebenen festen Wert β, so daß $k = 0$ für $1 - W_A = 1 - \beta$ ist. Den Mittelwertsverschiebungen im Toleranzraum rechts von g_β, insbesondere im Bereich $g_\alpha - g_\beta$ bzw. $g_\alpha^* - g_\beta^*$ (s. Abb. 18, 19, 21) sind hiernach negative Werte k zugeordnet[37]. Wie die Abbildungen 22 und

---

37. Die Bewegung des Mittelwerts μ in Abbildung 18, 19, 21 von rechts nach links entspricht einer Mittelwertsverschiebung k in Abbildung 22, 23 von links nach rechts

23 zeigen, wird durch diese Anordnung des Koordinatensystems erreicht, daß alle Prüfschärfekurven für die gleiche Abszisse k = 0 den gleichen Wert 1 - β erreichen. Indem man, von diesem Wert ausgehend, die Kurven bis zum gleichen Werte α zurückverfolgt, der je nach Karte bei verschiedenen, negativen Abszissenwerten erreicht wird, erhält man eine Übersicht über die Größe des Unsicherheitsbereichs und über den Kurvenverlauf, insbesondere die Steilheit des Kurvenanstiegs.

Die Kontrollgrenzen g_u werden im Abstand $(g_\mu - g_\beta)$ bzw. $(g_\mu - g_\beta*)$ von der kritischen Grenze g_β bzw. $g_\beta*$ oder im Abstand $(g_u - T_u)$ von der Toleranzgrenze T_u angeordnet - siehe Formel (44). Ihre Lage ist also abhängig von der Wahl von β und γ.

(44)
$$\text{Mittelwertkarte} \quad \frac{g_u - T_u}{\sigma} = \lambda + \frac{\lambda_\beta}{\sqrt{n}}$$

$$\text{Medianwertkarte} \quad \frac{g_u - T_u}{\sigma} = \lambda + \frac{\lambda_\beta}{\sqrt{\frac{2n}{\pi}}}$$

$$\text{Iterationskarte} \quad \frac{g_u - T_u}{\sigma} = \lambda + (\lambda_\beta*)_{It.}$$

$$\text{Extremwertkarte} \quad \frac{g_u - T_u}{\sigma} = \lambda + (\lambda_\beta*)_{Extr.}$$

Beispiel:

Mit n = 4, und wenn $\frac{g_u - T_u}{\sigma}$ mit D bezeichnet wird, ergibt sich

Nach Formeln Seite 67, 69
  Mittelwertkarte

Modifizierte Kontrollgrenze   D = 3 - $\frac{3}{2}$ = 1,5

Modifizierte Kontrollgrenze-   D = 3 - $\frac{2}{2}$ = 2
Kompromißlösung

Nach (44) und Tabelle 11 - 14 mit γ = 0,05, β = 0,1
  Mittelwertkarte   D = 1,64 + 0,64   = 2,28
  (Mit β = 0,5   D = 1,64 + 0   = 1,64)
  Medianwertkarte   D = 1,64 + 0,80   = 2,44
  Iterationskarte   D = 1,64 + 1,94   = 3,58
  Extremwertkarte   D = 1,64 - 0,16   = 1,48

Im unteren Teil von Abbildung 22 und 23 sind die bereits in Tabelle 10 angegebenen Unsicherheitsbereiche besonders eingetragen. Abbildung 22 bezieht sich auf einen vorgegebenen Wert $\beta = 0,1$ und Abbildung 23 auf einen vorgegebenen Wert $\beta = 0,5$. Um die Anforderungen nicht zu übersteigern, wird man bei Kontroll- und Stichprobenkarten unter einen Wert $\beta = 0,1$ kaum heruntergehen; mit Rücksicht auf den Trend des Mittelwerts ist es andererseits in vielen Fällen möglich, den Wert β noch zu erhöhen. Die Werte $\beta = 0,1$ und $\beta = 0,5$ dürften die für die Praxis möglichen Grenzlagen darstellen. Man erkennt aus den Abbildungen 22 und 23 die verschiedene Güte der Karten entsprechend der oben angegebenen Reihenfolge: Mittelwert, Medianwert, Iteration, Extremwert. Mit wachsendem β nimmt die Güte der Iterationskarte zu, da die Prüfschärfenkurve vorwiegend auf den steilen Anlaufbereich beschränkt wird. Abbildung 22 zeigt ferner die symmetrische Lagerung der beiden Schnittpunkte für Iteration und Extremwert; der untere Schnittpunkt entspricht mit $1 - W_A = \alpha = 0,1$ gemäß (39) dem oberen Schnittpunkt mit $1 - W_A = 1 - \beta = 1 - 0,1$.

Mit fortschreitender Verschiebung des Mittelwerts zur Toleranzgrenze werden die Prüfschärfekurven der Abbildung 22 und 23 von links nach rechts durchlaufen. Von der Geschwindigkeit der Mittelwertsverschiebung und von der Stichprobendichte hängt es ab, wieviel Stichproben während des Durchlaufs entnommen werden und wie hoch die Summenwahrscheinlichkeit dafür ist, daß eine Mittelwertsverschiebung rechtzeitig angezeigt wird. Diese Summenwahrscheinlichkeit sollte an 1 herankommen, bevor der kritische Wert $1 - W_A = 1 - \beta$ erreicht wird; danach richtet sich die Wahl von β.

Mit Rücksicht auf die von Fall zu Fall veränderlichen Eigenschaften der Fabrikationsprozesse empfiehlt es sich nicht, quantitative Angaben über die Anordnung und Zahl der Stichproben zu machen. Man wird sich hier vielmehr mit Abschätzungen begnügen. Solche Abschätzungen sind für die Mittelwertkarte bereits in einer früheren Arbeit ausgeführt worden[38].

Abschließend ist festzustellen: Die verschiedenen Kontrollkarten werden für gleichen Fehler erster Art α hinsichtlich des Fehlers zweiter Art β miteinander verglichen; und dieser Vergleich wird so ausgeführt, daß für gleiche Mittelwertsverschiebung k die verschiedenen Prüfschärfen $(1 - \beta)$ oder aber vorzugsweise für gleiches vorgegebenes β die verschiedenen Mittelwertsverschiebungen k (Unsicherheitsbereiche) registriert werden.

---

38. s. S. 79, Anmerkung 33

Da nach Voraussetzung der Fehler erster Art α und der Stichprobenumfang n für alle Karten gleich groß sind, kennzeichnet dieser Vergleich die Güte der Karten. Bei der Bewertung der Karten ist zusätzlich noch zu berücksichtigen, daß der Arbeitsaufwand und die Prüfkosten bei gleichem Stichprobenumfang für die verschiedenen Karten verschieden groß sind, da die Mittelwert- und Medianwertkarte im Unterschied zur Iterations- und Extremwertkarte eine Aufschreibung der Einzelwerte und Bestimmung der abgeleiteten Werte erfordern.

4. Zusammenfassung

Bei der Verwendung von Kontroll- und Stichprobenkarten mit technischen Toleranzen müssen die Fehler erster und zweiter Art berücksichtigt werden. Kriterium für die Güte einer Kontroll- und Stichprobenkarte ist der kritische Unsicherheitsbereich; zu berücksichtigen ist ferner bei gleichem Unsicherheitsbereich die Steilheit der Prüfschärfe im Anlaufbereich. Formeln und Tabellen zur Berechnung des Unsicherheitsbereichs und zur Festlegung der Kontrollgrenzen wurden angegeben. Bei der Darstellung der Prüfschärfekurven mit technischen Toleranzen wird die Mittelwertsverschiebung auf diejenige kritische Grenze bezogen, für die das Annahmerisiko einen vorgegebenen Wert β hat. Für die Annahmerisiken $\beta = 0,1$ und $0,5$, die die für die Praxis äußersten Grenzlagen darstellen, wurden Prüfschärfekurven aller Karten berechnet. Die Güte der Karten mit technischen Toleranzen entspricht der Reihenfolge: Mittelwert, Medianwert, Iteration, Extremwert. Mit zunehmendem Annahmerisiko nimmt die relative Güte der Iterationskarte zu. Bei der Ausnützung des Toleranzbereichs kommt es darauf an, daß der Unsicherheitsbereich an den Grenzen möglichst klein bleibt; andererseits muß jedoch sichergestellt sein, daß beim Durchlauf des Mittelwerts durch den Unsicherheitsbereich entsprechende Stichproben entnommen werden, damit die Mittelwertsverschiebung an den Grenzen rechtzeitig angezeigt wird.

Dr. BRÜCKER-STEINKUHL, Düsseldorf

IV. Formelzeichen und Abkürzungen

A, A'	Kontrollgrenzfaktor
a, b, c	Konstante
B	Gesamt-Streubereich
b_j	Konstante in der j-ten Zeile
D	Abstand Kontrollgrenze - Toleranzgrenze, in Einheiten der Standardabweichung
D_{wo}	oberer Kontrollgrenzfaktor der Spannweitenkarte für eine statistische Sicherheit von 95 %
d	maximale Profildifferenz
d_2	Faktor zur Umrechnung von Spannweitendurchschnitt und Standardabweichung ($\bar{R} = d_2 \cdot \sigma$)
$\mathcal{E}(R) = d_2$	Erwartungswert der normierten Spannweite, für $\sigma = 1$
$\mathcal{E}(R_1)$	Erwartungswert der normierten, ersten Quasi-Spannweite, für $\sigma = 1$
e	Basis der natürlichen Logarithmen, 2,71828
FG	Abkürzung für Freiheitsgrad
f	Funktionszeichen
g	Kontrollgrenze oder Gesamt-Durchschnitt
g_o, g_u	obere bzw. untere Kontrollgrenze
g_1, g_2	Kontrollgrenzen
g_α, g_β	kritische Grenzen, denen die Integralgrenzen λ_α bzw. λ_β zugeordnet sind
g_{α}^*, $g_{\alpha/2}^*$, g_β^*	kritische Grenzen, denen die Integralgrenzen λ_α^* bzw. $\lambda_{\alpha/2}^*$ bzw. λ_β^* zugeordnet sind
H_o, H_1	Hypothesen - z.B. Hypothese H_o ist gleichbedeutend mit der Annahme, daß der Mittelwert der Gesamtheit $\mu = \mu_o$ ist
h_1	Höhe über der Kreissehne oder Walzenballigkeit

h_2	Höhe über der Kreissehne oder wirksame Balligkeit
j	Zeilenzahl oder Meßreihenzahl, Profilreihenzahl oder Maß der Streuungsänderung, in Einheiten der Standardabweichung
k	Spaltenzahl oder Zahl der Meßwerte in einer Reihe oder Maß der Mittelwertsverschiebung, in Einheiten der Standardabweichung, oder Zahlenfaktor
k', k'', k''', k^{IV}	Maß der Mittelwertsverschiebung, in Einheiten der Standardabweichung
n	Stichprobenumfang
n'	Freiheitsgrad
p	Grundwahrscheinlichkeit
q, q_1, q_2	Grundwahrscheinlichkeit
q_s	Quadratsumme zwischen den Spalten
$q_v^{(1)}$	Versuchsfehler-Quadratsumme bei einfacher Gruppierung
$q_v^{(2)}$	Versuchsfehler-Quadratsumme bei zweifacher Gruppierung
q_z	Quadratsumme zwischen den Zeilen
R	Spannweite
$\bar{R}$	Mittelwert der Spannweiten
R_1	erste Quasi-Spannweite
$\bar{R}_1$	Mittelwert der ersten Quasi-Spannweiten
r	Radius
S	zweiseitige statistische Sicherheit
$\bar{S}$	einseitige statistische Sicherheit
S_α, S_β	einseitige statistische Sicherheit für Annahme bzw. Rückweisung
s	Standardabweichung der Stichprobe
s_d	Standardabweichung für die Differenz zweier Gruppen-Mittelwerte, Standardabweichung der Profildifferenz

s_k	Spaltendurchschnitt der k-ten Spalte
s_1	Kreissehne oder Walzenbreite
s_2	Kreissehne oder Bandbreite
T	Toleranzgrenze
T_o, T_u	obere bzw. untere Toleranzgrenze
T_{ro}, T_{ru}	obere bzw. untere reduzierte Toleranzgrenze
t	Integralgrenze der t-Verteilung
U	Streubreite
W_A	Annahmewahrscheinlichkeit
x_{jk}	Einzelwert, angeordnet in der j-ten Zeile und k-ten Spalte
x_{jk}^*	Einzelwert, angeordnet in der j-ten Zeile und k-ten Spalte ($x_{jk}^* = a \cdot x_{jk} - b$)
$\bar{x}$	Mittelwert der Stichprobe
z_j	Zeilendurchschnitt der j-ten Zeile
α	Rückweisungsrisiko
α_j	Rückweisungsrisiko für bestimmte Streuungsänderung j
β	Annahmerisiko
γ	Ausschußanteil
Δ	Abweichung der Einzelwerte von den Zeilendurchschnitten bzw. der Spaltendurchschnitte vom Gesamt-Durchschnitt
ε	kleine Größe
$\lambda, \lambda_1, \lambda_2$	Integralgrenzen der Gaußschen Normalverteilung
$\lambda_\alpha, \lambda_\beta$	Integralgrenzen der Gaußschen Normalverteilung, definiert durch $\phi(\lambda_\alpha) = 1-\alpha$, $\phi(\lambda_\beta) = 1-\beta$
$\lambda_\alpha^*, \lambda_{\alpha_2}^*, \lambda_\beta^*$	Integralgrenzen der Gaußschen Normalverteilung, definiert durch $f\{\phi(\lambda_\alpha^*)\} = 1-\alpha$ usw.
μ	Mittelwert der Gesamtheit

μ_0	Mittelwert der Gesamtheit im Normalfalle
μ_v	variabler Mittelwert der Gesamtheit
π	transzendente Zahl, 3,14159
σ	Standardabweichung der Gesamtheit
σ_0	Standardabweichung der Gesamtheit im Normalfalle
σ_v	variable Standardabweichung der Gesamtheit
$\Phi(\lambda)$	Integral der Gaußschen Normalverteilung
$\varphi(\lambda)$	Gaußsche Normalverteilung

V. Literaturverzeichnis

BRÜCKER-STEINKUHL, K.	Zur Anwendung der Varianzanalyse, Mitteilungsblatt für Math. Statistik, 5 (1953), S. 29
BRÜCKER-STEINKUHL, K.	Prüfverfahren für Variable mit weitem und engem Toleranzbereich, Mitteilungsblatt für Math. Statistik, 8 (1956), S. 32
BRÜCKER-STEINKUHL, K.	Stichprobenkarten mit Iterationen, Mitteilungsblatt für Math. Statistik, 8 (1956), S. 154
BRÜCKER-STEINKUHL, K.	Anwendung mathematisch-statistischer Verfahren in der Industrie, Forschungsberichte des Wirtschafts- und Verkehrsministeriums Nordrhein-Westfalen, Nr. 288, Westdeutscher Verlag, Köln und Opladen 1956
BURR, I.W.	Engineering Statistics and Quality Control, New York, Toronto, London 1953
DAEVES, K. und A. BECKEL	Großzahlforschung und Häufigkeitsanalyse, Weinheim und Berlin 1948
GRAF, U. und H.-J. HENNING	Statistische Methoden bei textilen Untersuchungen, Berlin-Göttingen-Heidelberg 1952
GRAF, U. und R. WARTMANN	Die Extremwertkarte bei der laufenden Fabrikationskontrolle, Mitteilungsblatt für Math. Statistik, 6 (1954), S. 121 und 188
	Kontrollkarten f. statistische Qualitätskontrolle, Ausschuß f. wirtschaftl. Fertigung e.V., Berlin u. Frankfurt a.M. 1956
STRAUCH, H.	Statistische Güteüberwachung, München 1956

Weitere allgemeine Literatur siehe bei BRÜCKER-STEINKUHL, Forschungsbericht Nr. 288

FORSCHUNGSBERICHTE
DES WIRTSCHAFTS- UND VERKEHRSMINISTERIUMS
NORDRHEIN-WESTFALEN

Herausgegeben von Staatssekretär Prof. Dr. h. c. Leo Brandt

FERTIGUNG

HEFT 11
Laboratorium für Werkzeugmaschinen und Betriebslehre, Technische Hochschule Aachen
1. Untersuchungen über Metallbearbeitung im Fräsvorgang mit Hartmetallwerkzeugen und negativem Spanwinkel
2. Weiterentwicklung des Schleifverfahrens für die Herstellung von Präzisionswerkstücken unter Vermeidung hoher Temperaturen
3. Untersuchung von Oberflächenveredlungsverfahren zur Steigerung der Belastbarkeit hochbeanspruchter Bauteile
1953, 80 Seiten, 61 Abb., DM 15,75

HEFT 47
Prof. Dr.-Ing. K. Krekeler, Aachen
Versuche über die Anwendung der induktiven Erwärmung zum Sintern von hochschmelzenden Metallen sowie zur Anlegierung und Vergütung von aufgespritzten Metallschichten mit dem Grundwerkstoff
1954, 66 Seiten, 39 Abb., 11 Tabellen, DM 13,90

HEFT 53
Professor Dr.-Ing. H. Opitz, Aachen
Reibwert und Verschleißmessungen an Kunststoffgleitführungen für Werkzeugmaschinen
1954, 38 Seiten, 18 Abb., DM 8,20

HEFT 66
Dr.-Ing. P. Füsgen VDI †, Düsseldorf
Untersuchungen über das Auftreten des Ratterns bei selbsthemmenden Schneckengetrieben und seine Verhütung
1954, 32 Seiten, 5 Abb., DM 6,60

HEFT 86
Prof. Dr.-Ing. H. Opitz, Aachen
Untersuchungen über das Fräsen von Baustahl sowie über den Einfluß des Gefüges auf die Zerspanbarkeit
1954, 108 Seiten, 73 Abb., 7 Tabellen, DM 22,—

HEFT 99
Prof. Dr.-Ing. G. Garbotz, Aachen
Der Kraft- und Arbeitsaufwand sowie die Leistungen beim Biegen von Bewehrungsstählen in Abhängigkeit von den Abmessungen, den Formen und der Güte der Stähle (Ermittlung von Leistungsrichtlinien)
1955, 136 Seiten, 53 Abb., 3 Anlagen, 18 Tabellen, DM 30,—

HEFT 101
Prof. Dr.-Ing. H. Opitz, Aachen
Wirtschaftlichkeitsbetrachtungen beim Außenrundschleifen
1955, 100 Seiten, 56 Abb., 3 Tabellen, DM 19,30

HEFT 112
Prof. Dr.-Ing. H. Opitz, Aachen
Verschleißmessungen beim Drehen mit aktivierten Hartmetallwerkzeugen
1954, 44 Seiten, 17 Abb., 6 Tabellen, DM 8,80

HEFT 135
Prof. Dr.-Ing. K. Krekeler und Dr.-Ing. H. Peukert, Aachen
Die Änderung der mechanischen Eigenschaften thermoplastischer Kunststoffe durch Warmrecken
1955, 54 Seiten, 27 Abb., DM 11,10

HEFT 207
Prof. Dr.-Ing. H. Opitz, Dipl.-Ing. K. H. Fröhlich und Dipl.-Ing. H. Siebel, Aachen
Richtwerte für das Fräsen von unlegierten und legierten Baustählen mit Hartmetall. I. Teil
1956, 48 Seiten, 27 Abb., 3 Tabellen, DM 11,10

HEFT 215
Prof. Dr.-Ing. H. Opitz und Dr.-Ing. G. Weber, Aachen
Einfluß der Wärmebehandlung von Baustählen auf Spanentstehungen, Schnittkraft- und Standzeitverhalten
1956, 70 Seiten, 30 Abb., 11 Tabellen, DM 18,40

HEFT 232
Prof. Dr.-Ing. O. Kienzle, Hannover und Dr.-Ing. H. Münnich, Schweinfurt
Feststellung der Spannungen und Dehnungen und Bruchdrehzahlen der unter Fliehkraft und Bearbeitungskraft beanspruchten Schleifkörper
1957, 130 Seiten, 67 Abb., 12 Tabellen, DM 31,35

HEFT 245
Prof. Dr.-Ing. habil. K. Krekeler, Aachen
Das Verbinden von Metallen durch Kunstharzkleber. Teil I: Eigenschaften und Verwendung der Metallklebstoffe
1956, 48 Seiten, 8 Abb., DM 10,25

HEFT 246
Prof. Dr.-Ing. habil. K. Krekeler, Aachen
Das Verbinden von Metallen durch Kunstharzkleber. Teil II: Untersuchungen an geklebten Leichtmetall-Verbindungen
1956, 80 Seiten, 40 Abb., DM 17,50

HEFT 262
Dr.-Ing. W. Batel, Aachen
Untersuchungen zur Absiebung feuchter, feinkörniger Haufwerke und Schwingsieben
1956, 90 Seiten, 45 Abb., 22 Diagramme, 5 Tabellen, DM 23,40

HEFT 271
Prof. Dr.-Ing. H. Opitz und Dipl.-Ing. H. Axer, Aachen
Beeinflussung des Verschleißverhaltens bei spanenden Werkzeugen durch flüssige und gasförmige Kühlmittel und elektrische Maßnahmen
1956, 46 Seiten, 28 Abb., DM 10,70

HEFT 284
Prof. Dr. F. Wever, Düsseldorf, Dr.-Ing. H. J. Wiester, Essen, Dr.-Ing. F. W. Straßburg, Duisburg, Prof. Dr.-Ing. H. Opitz, Aachen und Dr.-Ing. K. H. Fröblich, Köln
Einfluß des Gefüges auf die Zerspanbarkeit von Einsatz- und Vergütungsstählen
1957, 88 Seiten, 126 Abb., 11 Tabellen, DM 22,45

HEFT 287
Prof. Dr.-Ing. habil. K. Krekeler, Aachen
Änderungen der mechanischen Eigenschaftswerte thermoplastischer Kunststoffe bei Beanspruchung in verschiedenen Medien
1956, 62 Seiten, 23 Abb., 5 Tabellen, DM 13,70

HEFT 288
Dr. K. Brücker-Steinkuhl, Düsseldorf
Anwendung mathematisch-statischer Verfahren in der Industrie
1956, 103 Seiten, 27 Abb., 14 Tabellen, DM 24,20

HEFT 295
Prof. Dr.-Ing. H. Opitz und Dipl.-Ing. H. Axer, Aachen
Untersuchung und Weiterentwicklung neuartiger elektrischer Bearbeitungsverfahren
1956, 42 Seiten, 27 Abb., DM 10,30

HEFT 296
Prof. Dr.-Ing. H. Opitz, Aachen
I. Untersuchungen an elektronischen Regelantrieben
II. Statistische Untersuchungen zur Ausnutzung von Drehbänken
1956, 46 Seiten, 18 Abb., DM 10,40

HEFT 304
Prof. Dr.-Ing. habil. K. Krekeler, Düsseldorf, und Dipl.-Ing. A. Kleine-Albers, Aachen
Beitrag zur thermoelastischen Warmformbarkeit von Hart PVC
1957, 72 Seiten, 29 Abb., DM 17,70

HEFT 320
Dr. H.-E. Caspary, Köln
Verwendung von Szintillationszählern an Stelle von Zählrohren zur zerstörungsfreien Materialprüfung
1956, 42 Seiten, 13 Abb., 2 Tabellen, DM 10,10

HEFT 324
Prof. Dr.-Ing. H. Opitz, Priv.-Doz. Dr.-Ing. E. Saljé und Dipl.-Ing. K. E. Schwartz, Aachen
Richtwerte für das Außenrund-, Längs- und Einstechschleifen
1956, 62 Seiten, 44 Abb., 2 Tabellen, DM 13,85

HEFT 327
Prof. Dr.-Ing. habil. K Krekeler und Dr.-Ing. H. Peukert, Aachen
Beitrag zur thermoelastischen Formbarkeit von Polyäthylen
1956, 56 Seiten, 49 Abb., 9 Tabellen, DM 12,80

HEFT 350
Prof. Dr.-Ing. habil. K. Krekeler und Dr.-Ing. H. Peukert, Aachen
Das Spannungsverhalten der Kunststoffe bei der Verarbeitung
1958, 24 Seiten, 12 Abb., DM 20,—

HEFT 351
Prof. Dr.-Ing. H. Opitz, Dr.-Ing. H. Axer und Dipl.-Ing. H. Rohde, Aachen
Zerspanbarkeit hochwarmfester und nichtrostender Stähle — Teil I
1957, 96 Seiten, 73 Abb., 2 Tabellen, DM 21,80

HEFT 385
Prof. Dr.-Ing. H. Opitz, Dr.-Ing. H. Axer und Dipl.-Ing. H. Rohde, Aachen
Zerspanbarkeit hochwarmfester und nichtrostender Stähle. Teil II
1957, 86 Seiten, 54 Abb., 5 Tabellen, DM 19,30

HEFT 386
Prof. Dr.-Ing. H. Opitz und Dipl.-Ing. O. Hake, Aachen
Standzeituntersuchungen und Verschleißmessungen mit radioaktiven Isotopen
1958, 36 Seiten, 33 Abb., 3 Tabellen, DM 12,75

HEFT 395
Dipl.-Ing. L. Hahn, Clausthal-Zellerfeld
Untersuchungen zur Frage des optimalen Bohrloch- und Patronendurchmessers
1957, 132 Seiten, 49 Abb., 19 Tabellen, DM 31,25

HEFT 405
Prof. Dr.-Ing. H. Opitz und Dipl.-Ing. H. Schuler, Aachen
Untersuchungen für einen Wirtschaftlichkeitsvergleich der Feinbearbeitungsverfahren
1958, 72 Seiten, 43 Abb., DM 17,90

HEFT 406
W. Kirsch, Chemieprodukte GmbH.,
Leverkusen-Rheindorf
Entwicklungsarbeiten auf dem Gebiete des Korrosionsschutzes und der Abdichtung
1957, 76 Seiten, 28 Abb., 11 Tabellen, DM 19,—

HEFT 408
Prof. Dr. phil. F. Wever, Dr.-Ing. W. Lueg und
Dr.-Ing. H. G. Müller, Düsseldorf
Kraft- und Arbeitsbedarf beim Warmscheren von Stahl in Abhängigkeit von Temperatur und Schnittgeschwindigkeit
1957, 46 Seiten, 15 Abb., 3 Tabellen, DM 11,35

HEFT 413
Prof. Dr.-Ing. H. Opitz, Dipl.-Ing. H. Siebel und
Dipl.-Ing. R. Fleck, Aachen
Richtwerte für das Fräsen von unlegierten und legierten Baustählen mit Hartmetall, Teil II
1957, 56 Seiten, 35 Abb., 4 Tabellen, DM 14,40

HEFT 426
Prof. Dr.-Ing. H. Opitz und Dipl.-Ing. W. Scholz,
Aachen
Untersuchungen über den Räumvorgang
1957, 74 Seiten, 36 Abb., 7 Tabellen, DM 16,55

HEFT 447
Prof. Dr.-Ing. F. Bollenrath, Aachen, Dr.-Ing.
H. Füllenbach, Seesen/Harz und Dipl.-Ing.
J. Schumacher, Neubeckum/Westf.
Entwicklung rationell arbeitender Spritzkabinen
1958, 44 Seiten, 26 Abb., DM 13,55

HEFT 465
Dr.-Ing. R. Koch, Köln
Amerikanische Fertigungsunterlagen und ihre Werkstattreifmachung für deutsche Betriebe
1958, 54 Seiten, 19 Anlagen

HEFT 474
Dr.-Ing. R. Ibing und Dipl.-Ing. G. Meier,
Hannover
Eichung und Entwicklung von Staubentnahmesonden
1958, 34 Seiten, 9 Abb., 2 Tabellen, DM 8,65

HEFT 511
H. Wahl, G. Kantenwein und W. Schäfer, Essen
Gesteinsbohr-Modellversuche zur Frage des Drehbohrens, Schlagbohrens und Drehschlagbohrens
in Vorbereitung

HEFT 520
Prof. Dr.-Ing. H. Opitz, Dipl.-Ing. H. Obrig und
Dipl.-Ing. P. Kips, Aachen
Untersuchung neuartiger elektrischer Bearbeitungsverfahren
1958, 44 Seiten, 35 Abb., 2 Tabellen, DM 14,70

HEFT 521
Prof. Dr.-Ing. H. Opitz und Dipl.-Ing. K. E.
Schwartz, Aachen
Das Abrichten von Schleifscheiben mit Diamanten
1958, 72 Seiten, 34 Abb., 3 Tabellen, DM 17,15

HEFT 570
Prof. Dr.-Ing. habil. K. Krekeler, Dr.-Ing. H.
Peukert und Dipl.-Ing. O. Schwarz, Aachen
Kerbempfindlichkeit thermoplastischer Kunststoffe abhängig von der Kerbform und der Beanspruchungstemperatur
1958, 40 Seiten, 24 Abb., 12 Tabellen, DM 13,30

HEFT 603
Prof. Dr.-Ing. L. Engel und
Dr.-Ing. J. Foerster, Clausthal-Zellerfeld
Gummielastische Stoffe als Dämpfungselemente an schlagenden Werkzeugen
in Vorbereitung

HEFT 605
Ing. L. Bommes, M.-Gladbach
Bestimmung von Leistung und Wirkungsgrad eines Ventilators
in Vorbereitung

HEFT 638
Prof. Dr.-Ing. H. Opitz, Dr.-Ing. H. Schuler und
Dipl.-Ing. P. H. Brammertz, Verein Deutscher Ingenieure, Fachgruppe Betriebstechnik, Düsseldorf
Die Werkstückgüte beim Feindrehen und Feinschleifen und ihr Einfluß auf die Fertigungskosten
in Vorbereitung

HEFT 664
Dr. phil. habil. P. Hölemann, Dortmund
Die Bestimmung der Gasausbeute von Karbid

HEFT 666
Prof. Dr.-Ing. K. Krekeler, Dr.-Ing. H. Peukert,
Dipl.-Ing. B. Frerichmann, Aachen
Die Infraroterwärmung an thermoplastischen Kunststoffen

If you have any concerns about our products,
you can contact us on
ProductSafety@springernature.com

In case Publisher is established outside the EU,
the EU authorized representative is:
**Springer Nature Customer Service Center GmbH
Europaplatz 3, 69115 Heidelberg, Germany**

Printed by Libri Plureos GmbH
in Hamburg, Germany